# 水果入菜

OGINO 餐廳四季水果創意料理
前菜・沙拉・主菜・湯品・甜點

## 荻野伸也

瑞昇文化

# 前言

日本擁有著稱於世的種類豐富的水果。由於四季分明、南北縱長的列島與多山地的地理條件，南部有芒果和鳳梨、東海以西有柑橘類、海拔高的地方與寒冷地區則有栽種蘋果與葡萄，地區自豪的作物豐富了我們的餐桌。

放學回家路上爬上枇杷樹啃果實；到山上玩大口吃著疏苗過後的橘子；在河邊釣魚吃的蛇莓與藍莓是難以忘懷的日常滋味。我生長在橘之鄉，縱使遊歷世界各地，也從未見過柑橘類如此多樣的樣貌，我們身邊總是有各種水果。

日本人把水果稱為「水菓子」，主要當成餐後甜點食用，它的特色是纖維極粗，非常新鮮。比起加熱食用，感覺更偏重於剝掉薄薄的皮直接食用，並依此栽培、改良品種。我們不太能接受將水果加熱，調理的做法。原本日本人是以稻米為主食，料理也是以大量使用砂糖的和食為基本，考慮到這一點，飯後攝取高糖分甜點的必要性與嗜好性便極低，光是直接食用季節水果就很充分。然而遺憾的是，最近水果的消費量隨著飲食風格的改變而逐年下滑。以全球平均來看，日本的水果攝取量也非常少。無法籌措收穫的成本，冬季柿子果實在枝頭上枯萎的果園；被強風吹落，只是有些擦傷就被堆到田地角落的蘋果，每次看到那些景象，聽到果農抱怨的話，我總是想透過料理文化與技術為水果附加全新魅力，向顧客提出前所未有的水果滋味。

我在世界各國旅行時品嚐的歐美水果，外皮比較厚、纖維較細、果實較小、滋味濃厚，雖然也能生食但通常會加熱，以水果當主角的料理或點心，或是當成肉類魚類的配角在料理中亮相的情形也不罕見。尤其地中海沿岸乾燥的、水分貴重的地區，以水果的水分和肉類魚類一起加熱，能讓料理與水果緊密結合，這種做法有非常多值得學習的地方。

反過來在日本，在料理中加入水果的難度成了編寫本書的契機。歐洲與日本的水果當成食材的好用程度，加熱時味道與狀態的變化等，即使相同名稱的水果卻有截然不同的差異，必須把它們當成不同的東西。

如同前述，水果定位成主要作為生食的材料，在糖度、口感、香氣原本就是某種餐後甜點，並非用於料理的成見，感覺難以將水果與料理結合。

而最重要的一點是，如何放鬆這種心態，並落實於讓客人想品嚐料理的形式，也就是讓人在看到菜單名稱時是否食指大動，盡力做到這一點。

法國料理根據「風土」（反映土壤、氣候與地理條件的土地性質）的觀點，例如在獵鹿的地區會附加該地區的水果或鹿所吃的水果，加進醬汁的基底，將肉與水果一起熬煮，使用地區特產水果酒的這些方式，在料理幾乎不使用砂糖的法國料理中，原本就是自古以來的習慣。與歐洲的觀點似是而非，對於日本水果也以相同想法看作食材，心裡惦記著全新方向、發揮魅力的方式深入思考，或許能成為在日本製作外國料理的料理人的特性與獨創性。

荻野伸也

# 目錄

**本書的用法**

- 橄欖油使用特級初榨橄欖油、牛油使用無鹽牛油、砂糖使用精製細砂糖。
  胡椒若未標示為白胡椒，則使用磨碎的黑胡椒粒。馬鈴薯皆使用五月皇后馬鈴薯。
- 調理時間、調味料及材料的份量、完成的份量，皆以容易製作的份量為標準標示。

## 第 5 章
# 常夏

# 水果在料理中活用的創意與理論

水果是什麼呢？一般而言是指食用的果實及果實類蔬菜中，具有強烈的甜味，無須調理就能直接食用的食物。那麼果實又是什麼？就是被子植物的部位之中，包覆種子的子房肥大的部分。所謂被子植物是會開花，能結出種子的植物。換言之，開花結果的果實很甜，能夠生吃就叫做水果。其中也包含和蔬菜難以區別的種類（例如酪梨等），和樹木的果實難以區別的種類（栗子）。雖然這次大黃偏離水果的定義，不過它的用途多半是用來製成果醬或醬汁的甜點材料，所以在本書中是將它歸類成水果。

考慮到以上幾點，本書舉出了在日本日常生活中能吃到的36種水果，並追求它們全新的可能性，當作料理與餐後甜點的食材使用。

日本自古以來便把水果當成貴重的水菓子，由於食用方式主要是在飯後或當成點心生吃，所以水果始終與料理分開思考。現在果樹栽培也是以生吃為前提，不斷進行品種改良與技術進步的結果，同時也是進化成日本一項優秀飲食文化的農業歷史。因此在飲食文化的發展上，加熱與加工的概念非常薄弱。

我在探訪世界的飲食文化時不斷有驚奇的發現，有時只是哈密瓜淋上酒的前菜、西瓜與起司配上檸檬和橄欖油便是一道可口的夏日佳餚，只憑水果本身豐富的水分熬煮的羊肉料理等，身為日本人的我，每次體驗完全無法想像的食材組合時，覺得在日本能輕易地享受全球飲食文化，儘管水果可以當成餐後甜點直接食用，不過要是能去除對於水果幾近於成見的界線，也許能更自由地享受水果這項食材，出於這種想法，於是我著手製作本書。

## 配合季節

儘管蔬菜的旺季逐年消失，不過水果是能感受到季節的珍貴食材。通常果實結在大樹上，因此以露天栽培為主。我們總是透過水果得知季節的變化。

正因如此，本書的章節編排方式就是分成春夏秋冬。此外不分季節都能享用的熱帶水果則歸類在常夏這一章。作為料理的一項食材使用時也是包含季節性，自然與蔬菜和當季食材的適性不錯。肉類魚類和當季食材搭配也很自然。製作本書之時，經過不斷地嘗試與學習才完成的料理，在重新回顧時發現了可稱為概論的共通點，接下來我會依每個項目記錄下來。

## 甜味、酸味、苦味

　　水果的特色就是甜味，如何將它反映在料理上正是
首要重點。有時能給醬汁添加恰到好處的甜味，有時卻
會干擾味道。甜味在人的味覺中是最簡單明瞭，最容易
接受的味道，在料理中添加糖分會更易於入口，也能完
成人人都愛的好滋味。

　　水果含有的果糖是砂糖的成分，擁有比蔗糖更複雜
的甜味，它不是容易厭膩的直接的甜味，能夠呈現出廣
度與深度。尤其極少在料理中使用砂糖的法國料理，甜
味大多仰賴水果。

　　水果固有的酸味無法藉由調味料增加，所以把酸味
當成料理的主軸思考是非常有效的調理方式。莓果類、
柑橘類、百香果或大黃分別具有強烈的酸味，想要恣意
地補充酸味，只有靠醋類或榨檸檬這種方法，但是要注
意別讓醋的熟成香毀了細膩的酸味。

　　雖然統稱為酸味，卻是分成柑橘類的揮發性酸、加
熱後變得圓潤的酸、依照熟成狀況酸味減少顯現甜味
等，必須看清酸味的特性，依據品質有效地運用。

　　苦味與澀味的要素是水果最大的特色。苦味與澀味
是日本人比較喜愛的滋味，同時也是無法藉由調味料輕
易添加的複雜味道。活用食材本身具有的些微苦味，或
是烤焦讓最後的完成更有深度，槓極地活用柑橘類果皮
或種子的苦味，柿子柔順的澀味等，也能增加使用水果
的可能性。

## 依照料理選擇熟成狀況

　　水果的另外一個有趣之處在於，從未熟到過熟期間，在成熟的過程中糖分、酸味和果肉組織會逐漸地改變。

　　想像最後的完成，考慮到與搭配的其他食材之間的平衡，分別使用未熟、熟透或過熟的水果，正是要求料理、味覺方面品味的部分。

　　與重視鮮度的蔬菜不同，追熟這項技巧是和肉的熟成也很像的水果呈現方式，味道與香氣有高峰的水果，看清要擷取何種狀態加入料理中，就會完成全然不同的一道菜。

　　同樣是芒果用在沙拉時，並未過熟的酸味明顯勝過未熟的芒果，與肥肝搭配則最好選擇能充分顯現甜味的熟透芒果。若是沙拉醬性質的要素，將酸味顯著的青鳳梨切碎加入，就能呈現出與醋不同的滋味；洋梨用糖漿做成果盤，即使沒有顯現熟透的甜味，使用硬一點的洋梨之後比較容易處理。

## 生吃與加熱

　　日本的水果，生吃的果肉組織原本就重視糖度，雖然作為料理登場的機會非常少，不過環視全球卻不盡然如此。鹿肉配上熬煮莓果的醬汁，牛肉用柳橙熬煮等料理在法國是古典的鄉土料理。此外果盤或果醬等以保存為目的的食物、加入水果一起烤的派或餡餅、去除水分使季節較短的水果變成能在一整年嚐到的果乾用於料理等，調理水果在飲食中享用，是日常生活中進行的美味變化。

　　日本水果的魅力，終究在於號稱水菓子的多水分，還有粗纖維紋理形成的多汁果實。反過來說，它也容易變形，不適合加熱。另一方面，歐洲的水果紋理較細、果肉緻密、水分含量不多，因此味道濃縮在果實之中。所以即使加熱也不會煮得稀爛，而且味道的特性也不薄弱，往往更加顯著。

　　要完成一道料理，有時必須加熱，日本產的水果有其難度與極限，須斟酌加熱方法與時間，生吃時也要以歐式的搭配完成料理，藉此將能看見全新的可能性。

## 顏色的效果

　　蔬菜多半是綠色，而水果由於特性（通常是利用動物搬運種子，所以呈現容易發現的顏色），很多都是色彩鮮豔。水果的顏色不僅看起來美麗，也和味道與營養價值有極大的關係。例如藍莓的深紫色是因為有大量的花青素，而紅色特有的酸酸甜甜也和其他紅色水果具有共通的滋味。枇杷與柑橘類的橙色是β-胡蘿蔔素的象徵性色調。換言之，水果的顏色是能從料理輕鬆吸收營養素的指標。

　　在表示葡萄酒的滋味時也是，如莓果類的水果酸味、黃色的熱帶水果般濃厚的甜味等，大家對於顏色所指出的味道擁有共通的認知。此外像葡萄與哈密瓜，即使種類相同卻有紅、綠兩種系統，在料理上的用法也非常有趣。若是葡萄，麝香葡萄搭配白酒的微妙味道很適合海鮮。紅色的比歐內葡萄和紅酒同樣最好搭配肉類。

哈密瓜也是，綠色果肉哈密瓜和海鮮、肉類組合，就像生火腿哈密瓜那樣，紅肉哈密瓜自然也很適合。

　　水果的顏色和類似顏色的蔬菜組合，也是味道搭配的提示。覆盆子與甜菜根的紅、荔枝的白與茴香的白、紅葡萄加上紅高麗菜與紅酒。不只蔬菜，枇杷的橙色加上淡菜與雞油菌菇、綠色哈密瓜加上潘諾茴香酒和蒔蘿，並非以同樣的顏色組合完成料理，而是以同色系的色調彼此襯托的食材，可能具有共通的香氣與味道。

## 將甜味升級成美味的油脂的作用

　　不含油脂也是水果的特色之一（唯一的例外是酪梨）。把水果當成料理的食材使用，想完成一道料理，通常得補充油脂取得平衡。油脂能夠讓甜味升級，完成有層次的滋味，像是橄欖油等植物油適不適、牛油與鮮奶油等乳脂肪，有的時候則是白火腿這種動物性脂肪，自己必須判斷合不合適，或者刻意只配上起司，或是用奶油拌一下，有時是讓果汁和橄欖油乳化，加了水果的醬汁再倒入牛油增添風味等，讓甜味、酸味升級，完成心目中的滋味。

## 香草、辛香料的效果

　　水果的本質是甜味，為了不讓甜味太單純，和俐落明顯的香味組合十分有效。一般說來，水果與香草和香料很搭，在本書也刻意地多加使用。

　　草莓搭配鮮奶油與烤蛋白霜的正統餐後甜點「草莓冰淇淋蛋糕」，磨碎胡椒再撒上去，便成了充滿個性的餐廳甜點。哈密瓜搭配蒔蘿，就能將青澀的甜味變成複雜的複合式料理。洋梨加上丁香或茴芹的香氣，便能遇見令人聯想到南國的全新魅力。

　　水梨馬肉塔塔醬加上沒有辣味的艾斯佩雷產辣椒粉的香氣，便完成柔順的複雜滋味，不會只有甜味特別突出，也能讓客人毫不抗拒地接受水梨不一樣的美味。借助香草與香料的力量，水果料理的變化將有無限可能。

## 酒類的效果

　　酒類也具有使水果單調的甜味層次分明，變成高貴香味的作用。

　　葡萄酒之中，在法國西南部釀造的深具特色的班努斯甜紅酒，會和無花果乾一起食用，參考這種吃法，將肉類以班努斯甜紅酒和無花果風味燉煮，或是在超過葡萄北限的諾曼第燉肉時，使用蘋果酒是極其自然的事。

　　櫻桃搭配利口酒、洋梨搭配威廉洋梨酒、柳橙加上君度橙酒的香氣、荔枝藉由荔枝香甜酒突顯存在感等，搭配使用該水果所釀造的利口酒也能夠讓香味再次升級。

　　除此之外，像西瓜加杜松子酒、柿子加杏仁香甜酒、金巴利酒配柳橙或葡萄柚等，提到水果和酒的組合，雖然會最先想到雞隻酒，不過還有多種搭配可作為參考。

　　製作本書之時，我花了一年時間追趕水果的季節腳步，在思考料理時發現了能襯托出各種水果原有味道的食材組合，並整理成一覽表。

　　縱軸是水果名稱，橫軸舉出了上述要素的相關項目。這張表格並非沿著橫軸混合食材來完成料理。而是參照利用這張表格，作為每種水果添加要素的參考或提示。

| | 美味 | | | 香氣 | | |
|---|---|---|---|---|---|---|
| | 油脂等（乳脂肪） | 蛋白質 | 酸 | 香料 | 香草 | 酒類 |
| 草莓 | 奶油、新鮮起司 | 海鮮類、生肉 | 巴薩米克醋、黑醋 | 黑胡椒、芫荽 | 羅勒 | 利口酒、香檳 |
| 樹莓 | 新鮮起司、藍紋起司 | 生肉 | 樹莓醋 | 丁香 | 薄荷 | 利口酒、香檳 |
| 藍莓 | 新鮮起司 | 野味、紅肉 | 紅酒醋 | 杜松果、黑胡椒 | 荷蘭芹 | 干邑白蘭地、紅酒 |
| 美國櫻桃 | 鮮奶油 | 野味、紅肉 | 紅酒醋、黑醋 | 黑胡椒 | 薄荷 | 干邑白蘭地、紅酒 |
| 桃子 | 藍紋起司、橄欖油 | 海鮮類、紅肉 | 檸檬 | 黑胡椒、茴香 | 羅勒 | 潘諾茴香酒、白酒 |
| 李子 | 新鮮起司、牛油 | 紅肉海鮮 | 芥末 | 芫荽、黑胡椒 | 薄荷 | 白酒、利口酒 |
| 哈密瓜 | 藍紋起司 | 甲殼類 | 檸檬 | 茴芹、肉桂 | 蒔蘿 | 波特酒、潘諾茴香酒、雪莉酒 |
| 西瓜 | 新鮮起司 | 貝類 | 檸檬 | 紅番椒、番紅花 | 香艾菊 | 杜松子酒、伏特加 |
| 白葡萄 | 新鮮起司 | 所有海鮮 | 白酒醋 | 孜然、芫荽 | 香艾菊 | 白酒、干邑白蘭地 |
| 紅葡萄 | 鮮奶油 | 所有肉類 | 紅酒醋 | 丁香、孜然 | 香艾菊 | 紅酒、干邑白蘭地 |
| 水梨 | 藍紋起司 | 紅肉 | 續隨子 | 紅番椒、番茄 | 荷蘭芹 | 杜松子酒、伏特加 |
| 洋梨 | 藍紋起司 | 白肉 | 檸檬 | 芫荽、番紅花 | 荷蘭芹 | 威廉洋梨酒 |
| 蘋果 | 牛油 | 紅肉 | 檸檬 | 肉桂 | 芹菜 | 卡巴度斯蘋果酒、蘋果酒 |
| 柿子 | 牛油 | 肥肝、海鮮 | 檸檬 | 肉桂、白胡椒 | 月桂 | 杏仁香甜酒 |
| 橘子 | 牛油 | 海鮮 | 檸檬 | 丁香、孜然 | 蒔蘿 | 君度橙酒 |
| 柚子 | 鮮奶油 | 白肉 | 檸檬 | 茴香、紅番椒、番紅花 | 茴香 | 檸檬酒、杜松子酒、伏特加 |
| 金柑 | 牛油 | 肉類 | 檸檬 | 茴香、孜然 | 茴香 | 君度橙酒 |
| 甘夏蜜柑 | 新鮮起司 | 海鮮 | 雪莉醋 | 薑黃 | 香菜 | 檸檬酒、杜松子酒、伏特加 |
| 小夏蜜柑 | 新鮮起司 | 海鮮、培根 | 巴薩米克醋、黑醋 | 孜然、芫荽、番紅花 | 荷蘭芹 | 檸檬酒、杜松子酒、伏特加 |
| 柳橙 | 牛油、新鮮起司 | 所有肉類、青背魚 | 檸檬 | 芫荽、番紅花 | 薄荷 | 君度橙酒、金巴利酒 |
| 葡萄柚 | 椰子油、橄欖油 | 白肉、海鮮 | 黑醋 | 丁香、孜然 | 羅勒 | 杜松子酒、金巴利酒 |
| 檸檬 | 牛油 | 所有肉類海鮮 | 雪莉醋 | 杜松果、番紅花 | 茴香 | 檸檬酒、杜松子酒、伏特加 |
| 萊姆 | 椰子油、橄欖油 | 墨魚、章魚、肉類 | 雪莉醋 | 杜松果 | 荷蘭芹、香菜 | 杜松子酒、伏特加 |
| 奇異果 | 橄欖油 | 海鮮、肉類 | 雪莉醋 | 茴芹 | 香菜、羅勒 | 利口酒 |
| 枇杷 | 鮮奶油、白火腿 | 海鮮類 | 檸檬 | 番紅花 | 羅勒 | 檸檬酒、杜松子酒、伏特加 |
| 荔枝 | 椰子油、橄欖油 | 甲殼類 | 黑醋 | 茴香、番紅花 | 香艾菊 | 荔枝香甜酒、馬里布蘭姆酒 |
| 石榴 | 橄欖油 | 所有肉類海鮮 | 檸檬 | 丁香、茴芹 | 香菜 | 金巴利酒 |
| 百香果 | 牛油 | 海鮮類 | 檸檬 | 茴芹 | 蒔蘿 | 馬里布蘭姆酒 |
| 無花果 | 牛油、橄欖油 | 野味、紅肉 | 巴薩米克醋 | 黑胡椒、丁香、肉桂 | 羅勒 | 瑪薩拉酒、馬德拉酒、蘭姆酒、班努斯甜紅酒 |
| 芒果 | 牛油、椰子油 | 肥肝等 | 雪莉醋 | 黑胡椒、小豆蔻、 | 薄荷 | 馬里布蘭姆酒、波特酒 |
| 木瓜 | 橄欖油 | 海鮮類、生肉 | 檸檬 | 黑胡椒 | 薄荷、羅勒 | 檸檬酒、杜松子酒、伏特加 |
| 鳳梨 | 牛油 | 白肉 | 黑醋 | 肉桂、丁香、茴芹 | 薄荷、月桂 | 馬里布蘭姆酒、荔枝香甜酒 |
| 香蕉 | 鮮奶油 | 豬、羊 | 巴薩米克醋 | 肉桂 | 薄荷 | 蘭姆酒、干邑白蘭地 |
| 酪梨 | 橄欖油 | 海鮮類 | 檸檬 | 黑胡椒、咖哩粉 | 香艾菊 | 檸檬酒、杜松子酒、伏特加 |
| 栗子 | 鮮奶油 | 野味、紅肉 | 巴薩米克醋、黑醋 | 肉桂 | 芹菜 | 蘭姆酒、馬德拉酒、瑪薩拉酒 |
| 大黃 | 鮮奶油 | 肉類 | 巴薩米克醋、黑醋 | 紅椒、煙燻 | 荷蘭芹 | 檸檬酒、杜松子酒、伏特加 |

第1章

春

# 001 水煮蘆筍
## 草莓醬、荷蘭醬

蘆筍的必備醬汁荷蘭醬的酸味，
一部分換成草莓果泥便完成這道料理。
擁有微微甜味的醬汁，
輕柔地包覆水煮蘆筍，形成春天的味道。

### 002 醃櫻鱒佐草莓、芝麻菜沙拉

看清食材的配合度時，顏色的同調性十分重要。
櫻鱒的淡紅色，搭配草莓和小番茄的紅色，
便是能欣賞紅色的層次的一道料理。酸味與甜味重疊，整體味道呈現出深度。

### 003 草莓扇貝、奶油起司塔塔

草莓切成小丁，便能和續隨子同樣當成強調味道的
食材使用。扇貝的美味與柔順的口感，
以及奶油起司的層次，都藉由草莓凝聚並襯托出來。

## 004 蝦仁草莓、大麥清炒沙拉

草莓加熱後會減少甜味，而另一方面則會增加酸味。
炒一下再稍微攪拌，草莓就會變成銜接者，與蝦仁和大麥合為一體，
清爽的酸味和微微的甜味構成香甜的一道料理。

## 005 草莓冰淇淋蛋糕　黑胡椒風味

冰淇淋蛋糕是由草莓、奶油、香緹、冰淇淋、
烤蛋白霜組合而成的正統甜點。
磨碎黑胡椒並撒在上面，就成了大人的滋味。

# 草莓

薔薇科草莓屬

原產地｜歐洲等地

時　期｜12 ～ 5 月

日本最受歡迎的水果。生吃的消費量據說是世界第一。因此接連開發新品種，趨勢也不斷變化。最近，甜味與酸味比例均衡的栃乙女和甘王等品種很受歡迎。在莓果類之中也擁有驚人的香氣，就算用在料理上草莓的感覺也很突出，添加乳脂肪，巧妙地活用它，正是成功的秘訣。

---

**001**

## 水煮蘆筍
## 草莓醬、荷蘭醬

材料（2 人份）

綠蘆筍…16 根

小洋蔥（切末）…2 大匙

白酒…50ml

白酒醋…80ml

芫荽…10 粒

草莓…10 顆＋2 顆

蛋黃…3 顆

融化後的牛油…200g

檸檬汁…1 小匙

鹽、胡椒…各適量

作法

1　小洋蔥、白酒、白酒醋、芫荽倒入小鍋加熱，煮到水分幾乎收乾。

2　蘆筍下半部的硬皮削掉，用鹽水煮。

3　將 10 顆草莓放入攪拌機打成果泥。蛋黃、草莓果泥、1 倒入調理碗，隔水加熱並攪拌。變濃後，蛋黃稍微加熱就關火，慢慢倒入融化牛油繼續攪拌，攪到很光滑的樣子。用鹽、胡椒、檸檬汁調味。

4　煮好的蘆筍盛到盤子上，淋上 3 的醬汁、荷蘭醬，磨碎胡椒並撒在上面，剩下的草莓切成八等分撒上。

---

**002**

## 醃櫻鱒佐草莓、芝麻菜沙拉

材料（4 人份）

櫻鱒（魚片）…1 片（450 ～ 500g）

砂糖…1 小匙

草莓（切四等份）…12 顆

小番茄（對半切）…12 顆

小洋蔥（切末）…1 大匙

黑醋…1 大匙

橄欖油…2 大匙

鹽、胡椒…各適量

芝麻菜…8 片

作法

1　在櫻鱒撒上 1 小匙鹽、少許胡椒、砂糖，醃漬一整晚。水分擦乾放到鐵網上，放進冰箱 1 個小時，讓它乾燥。切成 2mm 的厚度排在盤子上。

2　草莓和小番茄倒入調理碗，加入小洋蔥、黑醋、橄欖油攪拌。用鹽、胡椒調味，盛到櫻鱒上，用芝麻菜裝飾。

# 草莓扇貝、奶油起司塔塔

材料（2人份）

扇貝貝柱（切成2cm的丁塊）…6顆
草莓（切成2cm的丁塊）…6顆
小洋蔥（切末）…1小匙
續隨子…1大匙
奶油起司…60g
雪莉醋…1大匙
橄欖油…2大匙＋少量
鹽、胡椒…各適量
水芹…適量
葡萄酒醋（▶p222）…適量
艾斯佩雷產辣椒粉（▶p222）…適量

作法

1 奶油起司、雪莉醋、橄欖油2大匙倒入調理碗攪拌到變得光滑。

2 在1加入扇貝、草莓、小洋蔥、續隨子，直接攪拌別把草莓壓壞。用鹽、胡椒調味。

3 葡萄酒醋和橄欖油各取少量滴在盤子上，2的塔塔放進蛋糕模型後抽出盛好，撒上艾斯佩雷產辣椒粉，配上水芹。

---

# 蝦仁草莓、大麥清炒沙拉

材料（2人份）

剝殼蝦仁…10隻
大蒜（切末）…1/2小匙
草莓（對半切）…8顆
大麥…100g
羅勒（切絲）…8片
香檳醋…1大匙
魚露…1大匙
橄欖油…2大匙＋少量
鹽、胡椒…各適量

作法

1 大麥用鹽水煮8分鐘，除去水分。剝殼蝦仁去掉腸泥。

2 少許橄欖油倒入平底鍋加熱，用大火炒大蒜和蝦仁，加入草莓淋上香檳醋，稍微炒一下。

3 將2立刻放入調理碗，和1的大麥、羅勒、魚露、2大匙橄欖油加在一起，用鹽、胡椒調味。

---

# 草莓冰淇淋蛋糕
# 黑胡椒風味

材料（4人份）

草莓冰淇淋（▶p219）…200g
香草冰淇淋（▶p219）…200g
草莓（對半切）…12顆
烤蛋白霜（▶p219）…適量
香緹鮮奶油（▶p219）…200ml
胡椒…適量

作法

1 草莓冰淇淋倒入玻璃杯弄平，香草冰淇淋也同樣疊上。上面放上草莓。

2 撒上打散的烤蛋白霜，配上香緹鮮奶油。磨碎胡椒並撒在上面。

甜菜根覆盆子冷湯

強烈酸味是覆盆子的特色。若要做成湯享用，
不妨搭配同樣具有紅色色素的甜菜根。
能感受到大地土味的甜菜根，和在大地結實的
覆盆子組合在一起。形成有深度的溫和滋味。

### 007 白蘆筍
#### 覆盆子醬、慕斯林

「慕斯林」是荷蘭醬加上鮮奶油，味道變得更濃郁、
更溫和的醬汁。對上覆盆子鮮明強烈的酸味，
加上鮮奶油完成更濃郁的味道，恰好能取得平衡。
和白蘆筍的春天的苦味也是絕配。

馬肉牡蠣、覆盆子塔塔開胃小菜

山珍海味組合成味道豐富的塔塔。
雖然加上續隨子強調是傳統作法，但是這道料理
改由覆盆子取代它的角色。
再加上微微的甜味，變成更輕盈的滋味。

## 009 烤牛肉覆盆子沙拉
### 配菊苣羅克福起司

覆盆子充滿野性的酸甜滋味和
羅克福起司的乳脂肪與鹽味，
配上美味的上等牛肉，演奏出絕妙的和聲。
覆盆子帶著必然性出現在這道料理中。

# 覆盆子

薔薇科懸鉤子屬

原產地｜歐洲、北美

時　期｜12～3月

木莓的代表。英文是 raspberry。擁有比草莓更強烈的酸味，香氣也很強烈，由於不會太甜，即使強調它也不會壓過其他食材，在料理時容易運用。活用酸味強調使用是一般作法。此外，色素強烈是莓果類的特色。打成果泥活用鮮豔的顏色也不錯。也很適合做成果醬等加工品。

---

**006**

## 甜菜根覆盆子冷湯

**材料**（4 人份）

甜菜根…100 g

雞湯（▶p216）…200 ml

覆盆子（果泥）…150 g

牛奶…50 ml

鹽、胡椒…各適量

橄欖油…適量

覆盆子…8 個

薄荷葉…4 片

**作法**

1 甜菜根切片，用雞湯燉煮到變軟。

2 將 1 連同雞湯和覆盆子果泥倒入攪拌機，攪拌到變得光滑然後冷卻。最後加入牛奶稀釋，用鹽、胡椒調味。

3 將 2 盛到盤子上，淋上橄欖油，磨碎胡椒並撒在上面，配上覆盆子和薄荷葉。

---

**007**

## 白蘆筍
## 覆盆子醬、慕斯林

**材料**（2 人份）

白蘆筍…6 根

小洋蔥（切末）…1 大匙

蛋黃…3 個

覆盆子（果泥）…80 ml

覆盆子醋…2 大匙

融化後的牛油…200 g

鮮奶油（打發八分）…2 大匙

鹽、胡椒…各適量

覆盆子…16 顆

橄欖油…少量

水菜…適量

**作法**

1 小洋蔥和覆盆子醋倒入小鍋，煮到水分幾乎收乾。

2 白蘆筍下半部的硬皮削掉，和硬皮一起用鹽水煮，增加風味。

3 蛋黃、覆盆子果泥、1 倒入調理碗，隔水加熱並攪拌。變濃稠後，蛋黃加熱並且慢慢加入融化牛油同時攪拌，攪到很光滑的樣子。加入鮮奶油用鹽、胡椒調味。

4 白蘆筍切成一半的長度盛到盤子上，淋上 3 的醬汁、慕斯林，撒上覆盆子，淋上橄欖油，配上水菜。

# 馬肉牡蠣、
# 覆盆子塔塔開胃小菜

材料（4人份）

塔塔

> 馬腿肉（粗略切碎）…200g
> 牡蠣…5顆
> 覆盆子（粗略切碎）…6顆
> 小洋蔥（切末）…1小匙
> 酸黃瓜（切末）…1小匙
> 續隨子（切末）…1小匙
> 蛋黃…1個
> 荷蘭芹（切末）…1小匙
> 番茄醬…1小匙
> 伍斯特醬…1小匙
> 丁香（粉）…少量

長棍麵包（切片）…8片
大蒜…適量
酸黃瓜…適量

作法

1 長棍麵包的斷面抹上大蒜，用烤箱烤到酥脆。

2 牡蠣煮過後冷卻，然後切末。將塔塔的材料全部倒入調理碗，並充分攪拌。

3 在烤過的長棍麵包放上**2**，配上酸黃瓜。

# 烤牛肉覆盆子沙拉
# 配菊苣羅克福起司

材料（4人份）

烤牛肉（2mm厚）…12片
菊苣（切成2～3等分的大塊）…1根
覆盆子（對半切）…16顆
羅克福起司…30g
蜂蜜…1大匙
芥末…1大匙
覆盆子醋…2大匙
橄欖油…3大匙
鹽、胡椒…各適量
薄荷…適量

作法

1 羅克福起司、蜂蜜和芥末倒入調理碗攪拌到變得光滑，加入覆盆子醋繼續攪拌。加入少許橄欖油攪到很光滑，撒些鹽，磨碎胡椒並撒在上面，藉此調味。

2 烤牛肉、菊苣和覆盆子盛到盤子上，淋滿醬汁，撒上薄荷。

010 甘夏蜜柑胡蘿蔔絲　大吉嶺風味

小酒館不可或缺的菜色，在胡蘿蔔絲沙拉
加入柳橙是習慣的改編方式。比起柳橙，
加上略苦的甘夏蜜柑會變成更強烈的味道。
添加大吉嶺的茶葉，香氣也會更添複雜。

## 011 甘夏蜜柑尼斯風沙拉

加了鯷魚、金槍魚、馬鈴薯的尼斯風沙拉。
就像地中海沿岸的鄉土料理，這是因為加了
成熟飽滿的柳橙。將柳橙換成甘夏蜜柑，
味道更強烈，完成恰當細膩的滋味。

# 甘夏蜜柑

芸香科柑橘屬

原產地｜印度、中國

時　期｜3～5月

大約80年前發現於大分縣久見市，然後開始栽培的柑橘類。發源於此的果實，從名字就看得出來，是夏天的蜜柑。此外據說它的起源是繼承印度與中國文旦血統的柑橘類。它比夏蜜柑更甜，濃郁的酸甜滋味和略帶苦味的融合，以及鮮美豐富的果汁深具魅力。

---

010

## 甘夏蜜柑胡蘿蔔絲　大吉嶺風味

材料（4人份）

甘夏蜜柑…1 顆

胡蘿蔔…2 根

葡萄乾…1 大匙

雪莉醋…1 大匙

橄欖油…2 大匙

大吉嶺茶葉…1/2 小匙

作法

1 取出甘夏蜜柑的果肉。胡蘿蔔用四面用蔬果起司刨絲器刨絲。

2 1 與剩下的材料全部倒入調理碗攪拌。放進冰箱 20 分鐘直到散發出紅茶香氣，然後裝盤。

---

011

## 甘夏蜜柑尼斯風沙拉

材料（2人份）

甘夏蜜柑…1 顆

馬鈴薯…1 顆

四季豆…3 根

小番茄（對半切）…6 顆

金槍魚罐頭…2 大匙

鰻魚…4 條

油醋醬（▶p216）…適量

鹽、胡椒…各適量

作法

1 取出甘夏蜜柑的果肉。馬鈴薯帶皮整顆水煮再剝皮，切成 2cm 的圓片。四季豆的筋去掉，用鹽水煮，切成兩半。

2 1 的馬鈴薯盛到盤子上，上面放上甘夏蜜柑、四季豆、小番茄、金槍魚、鰻魚，均勻地裝盤。淋上油醋醬，磨碎胡椒並撒在上面。

## 012 小夏蜜柑馬鈴薯法式烘餅
### 培根卡布奇諾

製作馬鈴薯法式烘餅時，往往會加上芹菜根。
芹菜根的清涼感邀請柑橘類一起組合，
這道料理正是如此製作。
法式烘餅固有的培根風味用來搭配卡布奇諾的奶泡。

013 煙燻扇貝煙燻小夏蜜柑沙拉
荷蘭芹醬

食用白色瓤的部分，在全世界也是獨一無二的柑橘類。
正因如此，思考只有小夏蜜柑才有的調理法，
在瓤的部分添加煙燻風味。
切開後和扇貝如出一轍，也能體驗到預料之外的味覺以外的效果。

# 小夏蜜柑

芸香科柑橘屬

原產地│印度、中國
時　期│4～5 月

這 10 年一口氣變得受歡迎，連白色瓤都能食用的一種柑橘類。是日向夏蜜柑的別稱。在宮崎縣宮崎市內的一般住宅中偶然發現的品種。人們認為是柚子突變而來。在宮崎縣以外以小夏蜜柑、新夏橙等名字被栽種。酸味溫和，爽快的滋味非常受歡迎。

---

**012**
## 小夏蜜柑馬鈴薯法式烘餅
## 培根卡布奇諾

材料（4 人份）
小夏蜜柑…2 顆＋適量
馬鈴薯…4 顆
芹菜根…200 g
大蒜（切末）…1/2 小匙
牛油…60 g
培根…100 g
白酒…100 ml
雞湯（▶ p216）…200 ml
鮮奶油…50 ml
水溶玉米粉…適量
鹽、胡椒…各適量

作法
1 2 顆小夏蜜柑剝去表皮，連同白色的皮切成 5mm 丁塊。

2 馬鈴薯削皮切成 3mm 的絲，芹菜根也削皮，切成 3mm 的寬度。倒入調理碗中，撒上鹽、胡椒，加入大蒜，充分攪拌。

3 用直徑 20cm 的平底鍋將牛油加熱融化，倒入 2 的一半攤平，把 1 放到正中間。蓋上剩下的 2，用鍋鏟壓扁煎熟。一面煎到變色，變硬後翻面，同樣煎另一面。

4 製作醬汁。培根切絲，白酒、雞湯一起倒入鍋中熬煮到變成一半。用漏勺過濾，加入鮮奶油，用水溶玉米粉增加濃度，撒上鹽、胡椒調味。

5 切成 4 等分的法式烘餅擺到盤子上，用手持攪拌機打發配上 4。放上切成一口大小的小夏蜜柑。

---

**013**
## 煙燻扇貝煙燻小夏蜜柑沙拉
## 荷蘭芹醬

材料（2 人份）
扇貝貝柱…5 顆
小夏蜜柑…1 顆
荷蘭芹葉…1 撮
美乃滋（▶ p216）…2 大匙
青豌豆…適量
鹽、胡椒…各適量

作法
1 小夏蜜柑剝去表皮。

2 扇貝貝柱和小夏蜜柑瞬間燻製（▶ p218）。

3 荷蘭芹的莖去除，用鹽水煮一下，丟進冰水再除去水分，用攪拌機攪拌，加入美乃滋再攪拌。用鹽、胡椒調味。

4 3 的醬汁鋪在盤子上，煙燻後切成一口大小的小夏蜜柑和扇貝裝盤，撒上用鹽水煮過的青豌豆。

絞肉排三明治
佐煙燻大黃醬

粗絞肉做成的肉排是法國人的最愛。
大蒜味十足，充滿個性的強烈味道，
就藉由煙燻增添風味後製成果醬的
別具一格的大黃醬來對抗。

### 015 黑香腸大黃餡餅

代表味道濃郁的熟食冷肉的黑香腸，
搭配兼具酸味與甜味的果醬，用派包住再烤過，
便是所謂的正統法國料理。
切開時香氣四溢令人難以抗拒。

有很多方法能將排骨烤得美味可口，
做成酸酸甜甜的滋味，便是一種慣用手法。
如果加上酸味強烈的大黃，
就能將番茄醬或醬汁等調味料的味道變成更輕盈且具有衝擊性的滋味。

# 大黃

蓼科大黃屬
原產地｜西伯利亞南部
時　期｜5～9月

擁有獨特香氣和酸味的蓼科植物。外觀像蕗，蕗是菊科所以並非同類。加熱後短時間就會融化，適合做成果醬或醬汁。加熱也不會揮發，清澈的酸味是最獨特之處。但是，春天到初夏的大黃酸味強烈，到了秋天酸味會緩和。加熱會融化這一點也和會留下強壯纖維的蕗不同。

---

**014**

## 絞肉排三明治
## 佐煙燻大黃醬

材料（2 人份）

**絞肉排**

　牛腿絞肉…400 g
　大蒜粉、
　　洋蔥粉…各適量
　鹽、胡椒…各適量

**煙燻大黃醬**

　大黃…300 g
　砂糖…100 g
　番茄醬…30 g
　伍斯特醬…30 g
　芥末…30 g
　塔巴斯科辣椒醬…適量
　黑醋…10 ml
　橄欖油…50 g

橄欖油、沙拉油、牛油…各適量
三明治麵包…4 片
芥末…適量
番茄（切片）…6 片
陽光紅生菜…適量

作法

1 製作絞肉排的肉團。絞肉倒入調理碗，撒上大蒜粉和洋蔥粉，以及鹽、胡椒，充分攪拌到有黏性。分成 2 等分捏成橢圓形，先靜置冷卻。

2 製作醬汁。先將大黃的硬纖維去掉，切成 10 cm 長，瞬間燻製（▶ p218）。之後切片撒上砂糖，放置 1 小時。除去水分倒入鍋中，用少許橄欖油（額外份量）拌炒讓水分揮發。水分揮發後移到調理碗冷卻，餘熱散去後加入剩下的醬汁材料攪拌。

3 絞肉排用少許牛油和沙拉油煎成玫瑰色。

4 麵包用烤箱稍微烤一下，塗上芥末和牛油，疊上陽光紅生菜、番茄、絞肉排，淋滿醬汁，蓋上麵包。

▶ 015

1 在切成 1cm 寬的大黃撒上砂糖。

2 靜置 2 小時，出水。

**015** 黑香腸大黃餡餅

材料（直徑 18cm 蛋糕模型 1 個的份量）
黑香腸（▶P217）…100 g×4 條
大黃…200 g
砂糖…50 g
油封洋蔥（▶p218）…洋蔥 2 顆
千層派皮（▶p218）…2 mm 厚
　　直徑 24cm，直徑 18cm 各 1 片
蛋液…適量

作法
1 除去硬纖維的大黃切成 1cm 寬，倒入調理碗撒上砂糖，靜置約 2 小時。

2 在直徑 18cm 的蛋糕模型鋪上直徑 24cm 的千層派皮。油封洋蔥在底部攤開，將黑香腸剝皮搗碎鋪滿。將 1 的大黃除去水分，均勻地排在黑香腸上面。

3 周圍的派皮摺進內側，在側面留著的部分塗上蛋液，蓋上直徑 18cm 的千層派皮。

4 蓋子部分的千層派皮塗上蛋液，先放進冰箱冷卻，再次塗上蛋液後用菜刀刀背劃出幾何學圖案。用 200℃的烤箱烤 25 分鐘。

---

**016** 排骨大黃風味 BBQ

材料（3 人份）
豬排骨…1 塊（骨頭 6 根）
醃泡汁
　┌大黃（果醬）*…2 大匙
　│番茄醬…2 大匙
　│伍斯特醬…2 大匙
　│洋蔥粉…1 小匙
　│大蒜粉…1 小匙
　│黑胡椒（粗粒）…1/2 小匙
　└塔巴斯科辣椒醬…少量
酸黃瓜…適量
艾斯佩雷產辣椒粉（▶p222）…少量

作法
1 醃泡汁的材料全倒入攪拌機，充分攪拌到變成液體狀。

2 排骨連同骨頭切開，削掉附在骨頭上的薄皮。倒入鍋中裝滿水，和菜屑（額外份量）一起燉煮 40 分鐘。

3 2 撈到鐵網上冷卻，塗滿醃泡汁，直接醃漬一個晚上。

4 連同鐵網放進 200℃的烤箱，烤 15 分鐘。顏色烤得不夠深時，就用噴槍加深顏色。配上酸黃瓜，撒上艾斯佩雷產辣椒粉。

*大黃果醬的作法
1 大黃 500g 洗乾淨，削掉硬纖維，切成 1cm 厚。

2 撒上大黃一半重量的砂糖，靜置 1 小時，除去水分。檸檬汁 1 大匙倒入 1 用大火加熱，煮到水分揮發。煮乾後裝入保存瓶保存。

### 017 里昂風沙拉
## 醋醃櫻桃利口酒、火焰燃燒

里昂風沙拉的定義是食材使用了培根、肝臟、菊苣、麵包丁。
雖是在美食之都里昂誕生的沙拉，不過在此加入櫻桃，
是因為覺得和肝臟很搭。
濃郁的酸甜滋味能駕馭肝臟的特性。

野豬櫻桃
肥肝烤酥皮　佩里格醬

在法國的風土觀點中，野生動物
平時在山野中所吃的樹木果實或樹芽，要一起盛在一道料理中。
為了向山林的大自然表達敬意，在烤酥皮裡面
包了野味和櫻桃，追求美味的相乘效果。

烤山鳩
 配內臟醋醃櫻桃燉飯

烤成熟山鳩搭配醋醃 3 年的櫻桃。
醋醃櫻桃每隔一年滋味都會逐漸增加深度與強度。
像山鳩這種以鮮血味為特色，
個性強烈的野味正是最佳拍檔。

鹿肉新鮮櫻桃餡餅
紅酒醬

新鮮美國櫻桃擁有強烈的甜味與酸味,和有層次的鹿肉肉餡也很搭。
加了醋醃櫻桃醃泡汁的醬汁變成銜接者,
敬請享受絕妙的融合。

# 美國櫻桃

薔薇科櫻屬
原產地｜北美
時　期｜5～7月

雖是進口食材卻擁有季節感的果實。加州、俄勒岡州是主要產地。比起日本產的佐藤錦櫻桃，果肉紮實，保存期限也較長。和生吃的佐藤錦櫻桃不同，不只生吃，用酒或醋醃漬就能保存食品一整年享用。這種手法在歐洲飲食文化中能搭配肉類料理，或是用於點心類。因為果肉較硬，所以比果醬更適合。

---

**017**　

## 里昂風沙拉
## 醋醃櫻桃利口酒、火焰燃燒

**材料**（2人份）
自製培根（▶p216）…120g
雞肝（連著心臟也行）…8個
醋醃櫻桃（▶p218）…14顆
利口酒（▶p222）…1大匙
醋醃櫻桃的醃泡汁…50ml
菊苣…適量
油醋醬（▶p216）…適量
荷包蛋（▶p218）…2顆
胡椒…適量
麵包丁（▶p218）…適量

**作法**
1 培根切成7mm的條狀，不用抹油，用平底鍋煎到變色，先起鍋。

2 雞肝倒入 1 空出的平底鍋用大火快炒。炒到變色，但裡面仍是半熟的狀態。加入去掉種子的醋醃櫻桃稍微炒一下，再加利口酒點火燃燒。火熄掉後倒入醋醃櫻桃的醃泡汁，一面翻炒一面煮到水分收乾。這段期間雞肝會正好加熱到變成玫瑰色。

3 菊苣切成大塊，用油醋醬拌一下盛到容器中，攤平 2、1，放上荷包蛋，磨碎胡椒並撒在上面，再撒上麵包丁。

---

**018**　

## 野豬櫻桃肥肝烤酥皮　佩里格醬

**材料**（4人份）
野豬肉（大腿肉）…200g
雞肝…100g
豬背脂肪…100g
小洋蔥（切末）…1小匙
大蒜（切末）…1/2小匙
干邑白蘭地…2大匙
醋醃櫻桃（▶p218）…6個
鴨肝…60g
內臟脂肪…適量
千層派皮（▶p218）…2mm厚
　　直徑12cm、直徑16cm各1片
蛋液…適量

**佩里格醬**
　馬德拉酒…100ml
　波特酒…100ml
　小牛高湯（▶p216）…200ml
　松露汁（▶p222）…50ml
　牛油…50g
　鹽、胡椒…各少量

**作法**
1 野豬肉、雞肝、豬背脂肪全都用絞肉機絞碎。倒入調理碗中，加入小洋蔥、大蒜、干邑白蘭地，攪拌到變得有黏性。

2 將 1 捏成球狀，中間塞入去掉種子的醋醃櫻桃和鴨肝，整體用內臟脂肪包覆。

3 在直徑12cm的千層派皮上面放上 2，摺出邊緣，側面塗上蛋液，用直徑16cm的千層派皮包住。整體塗上蛋液，用千層派皮的碎片裝飾。然後用200℃的烤箱烤25分鐘。

4 製作佩里格醬。馬德拉酒和波特酒倒入小鍋，煮到剩下1/3的份量，加入小牛高湯和松露汁再煮到剩下1/3份量。用鹽、胡椒調味，再用牛油增添風味便完成。

5 將 4 的醬汁鋪在盤子上，盛上切成一半的 3。

019

# 烤山鳩
# 配內臟醋醃櫻桃燉飯

材料（2 人份）

山鳩…1 隻

小洋蔥（切末）…1 大匙

大蒜（切末）…1 小匙

紅酒…200 ml

小牛高湯（▶ p216）…200 ml

醋醃櫻桃（▶ p218）…6 顆＋2 顆

醋醃櫻桃的醃泡汁…50 ml

冷飯…100 g

鮮奶油…50 ml

帕馬森起司（磨碎）…1 小匙

牛油…20 g ＋適量

鹽、胡椒…各適量

沙拉油…適量

美國櫻桃…2 顆

作法

1　拔掉山鳩的羽毛，用噴槍燒掉細毛，將脖子切掉，取下胃部和鎖骨。取出內臟類，將肝臟、心臟、砂囊切開，分別切末。

2　在 1 處理完的整隻山鳩身上撒上鹽、胡椒。在平底鍋各倒入少許牛油和沙拉油加熱，將山鳩煎到變色，移到 250℃的烤箱，烤 5 分鐘。分成胸肉和腿肉切開，去掉骨頭。肉先保溫。

3　去掉骨頭用菜刀拍打肉，倒入 2 的平底鍋翻炒。煎到恰好時除去油分，加入小洋蔥和大蒜轉到小火，翻炒時別燒焦。倒入紅酒、小牛高湯，沸騰後煮 15 分鐘，過濾後湯汁留著。

4　1 的內臟剖成兩半，和去掉莖與種子的 6 顆醋醃櫻桃及醃泡汁倒入鍋中煮沸，煮到水分剩下一半。

5　將 3 的 1/3 湯汁倒入 4，倒入冷飯煮乾。在水分收乾前倒入鮮奶油，加入帕馬森起司攪拌調味。

6　用小鍋把剩下的湯汁煮成糖漿狀，加入 20g 牛油增添風味，用鹽、胡椒調味。

7　在 2 保溫的胸肉和腿肉切成塊狀盛到容器中，配上 5 的燉飯。淋上 6 的醬汁，並配上櫻桃。

020

# 鹿肉新鮮櫻桃餡餅
# 紅酒醬

材料（直徑 12 cm 的餡餅模型 3 個的份量）

肉餡

　　鹿腿肉…200 g

　　雞肝…100 g

　　豬背脂肪…100 g

　　雞蛋…1 顆

　　鹽…4 g

　　胡椒…適量

油封洋蔥（▶ p218）…2 大匙

鹹塔皮（▶ p218）…厚 2mm，直徑 14 cm、3 片

美國櫻桃…24 顆

小洋蔥（切末）…1 大匙

醋醃櫻桃（▶ p218）的醃泡汁…80 ml

紅酒…150 ml

小牛高湯（▶ p216）…200 ml

牛油…20 g

鹽、胡椒…各適量

作法

1　製作肉餡。鹿腿肉、雞肝和豬背脂肪用絞肉機絞碎，加入蛋、鹽、胡椒，充分攪拌到變得有黏性，然後分成 3 等分。

2　將鹹塔皮鋪在餡餅模型裡面，放進冰箱冷卻。

3　在 2 的餡餅模型鋪上分成 3 等分的油封洋蔥，將 1 的肉餡均勻地攤平。此外將剖成兩半去籽的美國櫻桃放上去，再用 200℃的烤箱烤 20 分鐘。

4　趁著這段時間製作醬汁。小洋蔥和櫻桃的醃泡汁倒入小鍋，煮到水分幾乎完全揮發。接著加入紅酒，再次煮到水分收乾，倒入小牛高湯煮到剩下一半。用漏勺過濾，再用牛油增添風味，然後用鹽、胡椒調味。

5　醬汁鋪在容器上，盛上餡餅，淋上少許醬汁。

第 2 章

# 夏

## 021 蘑菇炒枇杷配白火腿

熬煮後纖維也不會散掉，很奇特的果實。它的口感
也有點像蘑菇或貝類。因此，可搭配數種菇類一起炒。
即使炒過，枇杷仍然可以維持原樣，
不知為何香氣與甜味不會消散，能夠繼續保留。

## 022 雞腿肉枇杷塔吉鍋

枇杷燜煮後沒想到效果如此令人驚艷！
比起只用蔬菜熬煮，格外顯現出深度。
比起用果乾增加甜度，能呈現出複雜的滋味非常不錯。

### 023 白酒煮貽貝枇杷

或許您會感到意外，不過它和牛奶也很搭。
在牛奶的乳脂肪慢慢加入鹽巴會有一瞬間變甜，
這時加入糖分能讓甜味更加顯著。
讓枇杷取代糖的角色，將這個理論應用在枇杷料理。

# 枇杷

薔薇科枇杷屬

| 原產地 | 中國、日本南部 |
|---|---|
| 時 期 | 5～6 月 |

日本原產的珍貴果實。話雖如此,自古以來日本生產的枇杷很小粒,不適合食用,江戶中期從中國引入大粒的枇杷進行栽植。長崎是主要產地,收穫地區的北限是千葉。優點是獨特的鮮嫩口感、淡淡香氣和甜味。鮮豔的橙色來自於胡蘿蔔素。在這個時代的短短產季能嚐到它珍貴的滋味。

---

**021**

## 蘑菇炒枇杷配白火腿

材料（2 人份）

枇杷…3 顆

雞油菌菇…50 g

鴻喜菇…50 g

蘑菇…50 g

舞菇…50 g

小洋蔥（切末）…1 大匙

大蒜（切末）…1 小匙

荷蘭芹（切末）…1 小匙

白火腿（切片）…適量

鹽、胡椒…各適量

橄欖油…2 大匙

牛油…20 g

作法

1　枇杷帶皮去籽分成 4 等分。菇類去掉菌柄,撕成一口大小。

2　橄欖油倒入平底鍋加熱,1 的菇類用大火快炒,用鹽、胡椒調味。加入枇杷炒到變色,讓多餘的水分揮發,這時加入小洋蔥、大蒜、荷蘭芹與牛油攪拌一下。關火裝盤,趁熱時放上白火腿切片。

※　最後會放上白火腿,所以撒在菇類上的鹽分要少一點。

---

**022**

## 雞腿肉枇杷塔吉鍋

材料（2～3 人份）

雞腿肉…2 片

枇杷…4 顆

洋蔥（切末）…1 顆

大蒜（切末）…1 小匙

白酒…2 大匙

番茄糊…1 小匙

小番茄…8 顆

秋葵…7 根

葡萄乾…1 小匙

橄欖油…1 大匙＋適宜

鹽、胡椒…各適量

庫司庫司…適宜

作法

1　橄欖油 1 大匙倒入塔吉鍋,炒洋蔥和大蒜。變軟後加入白酒和番茄糊,沸騰後煮到變濃。

2　雞腿肉切成 6 等分,撒上鹽、胡椒。枇杷帶皮剖成兩半除去種子。

3　1 的雞肉、枇杷、小番茄、秋葵和葡萄乾排在 2,撒上鹽、胡椒,蓋上鍋蓋,轉到小火燜煮 20 分鐘。依個人喜好,配上蒸煮後用橄欖油、鹽、胡椒拌過的庫司庫司。

# 白酒煮貽貝枇杷

材料（2 人份）

貽貝…12 顆

枇杷…2 顆

大麥…3 大匙

小洋蔥（切末）…1 大匙

大蒜（切末）…1 小匙

白酒…200 ml

鮮奶油…50 ml

水溶玉米粉…適量

羅勒（切絲）…4 片

橄欖油…適量

鹽、胡椒…各適量

作法

1　貽貝用水洗乾淨，拔掉足絲。枇杷帶皮去籽切成 4 等分。大麥用鹽水煮 8 分鐘。

2　橄欖油倒入鍋中炒小洋蔥和大蒜。散發香味後倒入 1 的貽貝、枇杷、大麥、白酒，蓋上鍋蓋，沸騰後撈掉浮沫把火轉小，再蓋上鍋蓋煮 5 分鐘。

3　加入鮮奶油用水溶玉米粉增加濃度，用鹽、胡椒調味，加上羅勒葉。

### 024 煙燻牛心李子沙拉

日本和法國的李子完全不同。
這道料理直接活用了適合生吃的日本李子的魅力。
和風味有點獨特的煙燻牛心搭配,
加點創意便能提高料理的完成度。

## 025 鮪魚李子茴香沙拉

李子的酸味搭配鮪魚瘦肉的酸味。
蜂蜜芥末醬微微的甜味與辣味，
銜接起這兩種酸味。鮪魚的紅和李子皮的紅，
令人猜想必定形成絕妙的平衡。

026 李子大吉嶺果盤
焙茶冰淇淋

李子的纖維十分柔軟，加熱後會立刻散掉，
煮的湯汁沸騰後關火，利用餘熱加熱。
在湯汁加入大吉嶺，是來自喜愛的風味茶的巧思。
配上冰淇淋刻意添加清淡的焙茶風味。

# 李子

薔薇科李屬
原產地 | 中國北西部
時　期 | 6～8 月

有李子、soldum、乾果李等非常多的近緣種，在本書一併視為李子。杏子、油桃也適用。一般說來果肉柔軟、多汁，擁有酸甜濃郁的滋味和強烈的芳香。據說日本人從江戶時代開始食用李子。這次使用貴陽李子這個品種，1 顆 200g，是全世界最大的李子。

---

## 024 煙燻牛心李子沙拉

材料（4 人份）
煙燻牛心
　牛心…200 g
　大蒜（切末）…1 小匙
　鹽、胡椒…各適量
四季豆…200 g
菊苣…8 片
李子…2 顆
鹽、胡椒…各適量

蜂蜜芥末醬
　芥末…2 大匙
　蜂蜜…2 大匙
　橄欖油…3 大匙
　鹽、胡椒…各適量

作法
1 製作煙燻牛心。牛心切成 3 等分，去除粗的筋和大動脈，多撒點鹽、胡椒，和大蒜一起醃漬一整晚後，用 80℃的熱水煮 20 分鐘。從熱水中撈起，直接乾燥冷卻後，用煙燻木屑瞬間燻製（▶ p218），靜置一個晚上。

2 四季豆兩端剝掉，切成兩半，用鹽水煮過然後冷卻。
3 製作蜂蜜芥末醬。蜂蜜芥末醬的所有材料倒入調理碗中，攪拌到乳化連起來為止。
4 四季豆、切成大塊的菊苣、帶皮去籽切成一口大小月牙形的李子、切片的煙燻牛心一起裝盤，淋上蜂蜜芥末醬，磨碎胡椒並撒在上面。

---

## 025 鮪魚李子茴香沙拉

材料（2 人份）
鮪魚（赤身）…100 g
茴香…80 g
李子…2 顆
檸檬…1 顆

A
　芥末…1 大匙
　蜂蜜…1 大匙
　花生油…2 大匙
　鹽、胡椒…各少量
　大蒜（切末）…1/2 小匙
小洋蔥（切末）…1 小匙
荷蘭芹（切末）…1 小匙

作法
1 鮪魚切成一口大小。李子帶皮去籽切成月牙形。和茴香纖維成直角切片。
2 檸檬用削皮器只把表皮削去薄薄一層。去除剩下的白瓤，果肉切滾刀塊。
3 將檸檬表皮、果肉、A 倒入攪拌機攪拌，打成果泥。加入小洋蔥和荷蘭芹攪拌，倒入 1 的鮪魚醃漬 2 小時。
4 3 與 1 的李子、茴香拌一下然後裝盤。

---

## 026 李子大吉嶺果盤
焙茶冰淇淋

材料（3～4 人份）
李子（硬一點的）…8 個
白酒…500 ml
砂糖…300 g
大吉嶺茶包…4 包
檸檬（3 mm 的切片）…1 個份

焙茶冰淇淋（▶ p219）…適量

作法
1 李子帶皮切成兩半去籽。使用李子不會重疊的大鍋子，倒入白酒、砂糖、茶包和檸檬煮到沸騰。

2 酒精完全揮發後倒入李子，蓋上紙蓋再度沸騰後立刻關火。利用餘熱慢慢加熱，直接放進冰箱冷卻一整晚。
3 李子連同湯汁盛到容器中，放上焙茶冰淇淋。

## 027 章魚桃子酸橘汁醃魚

桃子具有突出的香味、甜味與酸味。
有點未熟的桃子咬勁，
和章魚的口感在這道料理中形成對比。
桃子能駕馭酸橘汁醃魚的酸味與辣味，使美味昇華。

烤桃子燴鴨腿

其實，料理的構思是曾在 1970 年代的法國流行，
罐頭桃子和鴨肉一起煮的「鴨肉佐桃子」這道料理。
這種搭配用盛夏的白桃嘗試便成了這一味。
桃子煮到變色，略帶苦味的味道更有深度。

### 029 桃子羅勒橄欖油冷湯
### 配香草冰淇淋

每年必做，表現出喜迎夏天的一道料理。
餐後甜點全面使用橄欖油的食譜並不多。
與羅勒的對比，加上橄欖油
輕盈的口味，帶給人不厭膩的清涼感。
桃子豐富的香氣與甜味更加顯著。

# 桃

薔薇科李屬

原產地｜中國

時　期｜7～8月

鮮明的香氣、鮮嫩的口感、虛幻上等的甜味……身為夏季水果之王受到珍視的日本桃子是一種水蜜桃。不斷進行品種改良，雖有 100 種以上的品種，但是東日本的白鳳和曉、西日本的清水白桃皆名列前茅。無論加熱調理或做成沙拉，若想活用酸味就要選用有點未熟的果實。果皮和果實之間含有許多香氣與味道，最好也巧妙地運用果皮。

---

027

## 章魚桃子酸橘汁醃魚

材料（4人份）

章魚（煮過）…250 g

桃子…2 顆

黃椒…1 顆

紫洋蔥（沿著纖維切片）…2 顆

小番茄（對半切）…8 顆

大蒜（切末）…1 小匙

A

　萊姆果汁…3 顆的份量

　魚露…2 大匙

　砂糖…1 小匙

橄欖油…3 大匙

鹽、胡椒…各適量

薄荷…適量

作法

1　章魚切薄片。桃子用熱水去皮，切成月牙形。黃椒去掉蒂和種子，直向切片。

2　在調理碗中混合 A，加入橄欖油、鹽、胡椒充分攪拌，加入 1、紫洋蔥、小番茄、大蒜醃漬 3 小時。裝盤，撒上薄荷。

---

028

## 烤桃子燴鴨腿

材料（4人份）

鴨腿肉（帶骨）…4 根

桃子…4 個

香味野菜

　洋蔥（5cm 的丁塊）…1 顆

　胡蘿蔔（5cm 的丁塊）…1 根

　芹菜（5cm 的丁塊）…1 根

　大蒜（稍微壓碎）…2 瓣

桃子飲料…200 ml

白酒…300 ml

小牛高湯（▶p216）…300 ml

牛油…30 g

沙拉油…1 小匙

鹽、胡椒…各適量

作法

1　用夠大的鍋子別讓鴨腿肉重疊，沙拉油倒入鍋中，將香味蔬菜炒到變軟。

2　在鴨腿肉內側的骨頭邊劃上十字刀紋將肉切開，並撒上鹽巴。用預熱的平底鍋將表皮煎到變色，一邊按壓一邊煎兩面，將多餘的油脂煎到消失。

3　除去 2 的鴨腿肉的油脂，倒入 1 的鍋中，加入桃子飲料、白酒和小牛高湯煮沸，撈掉浮沫，蓋上鍋蓋熬煮 1 小時直到變軟。

4　鴨腿肉先起鍋保溫，湯汁用漏勺過濾，煮到剩下一半。

5　桃子帶皮切成 4 等分的月牙形，去除種子。放到鐵網上，直接烘烤將整體烤到變焦。

6　起鍋的鴨腿肉和 5 的桃子倒入 4 的鍋子加熱，最後用牛油增添風味增加濃稠度，用鹽、胡椒調味，盛到容器中。

---

029

## 桃子羅勒橄欖油冷湯
## 配香草冰淇淋

材料（8人份）

桃子…16 顆

白酒…1 ℓ

砂糖…600 g

橄欖油…60 ml ＋少量

羅勒…2 包

檸檬汁…2 顆的份量

香草冰淇淋（▶p219）…適量

作法

1　桃子用熱水去皮。

2　白酒和砂糖倒入鍋中煮沸，讓酒精完全揮發。加入 1 蓋上鍋中蓋，再次沸騰後關火，利用餘熱煮熟並直接冷卻，浸泡湯汁放進冰箱冷藏。

3　2 的桃子去籽，8 顆裝盤用的切成 4 等分。剩下 8 顆放入攪拌機，倒入 2 的湯汁 180ml、橄欖油 60ml、檸檬汁、羅勒葉，攪拌至變得滑順。

4　切好的桃子盛到容器中，倒入 3 的湯，上面放上香草冰淇淋，淋上少許橄欖油，配上切絲的羅勒（4 片的份量，額外份量）。

刻意簡單為之。沒有湯料或配菜的香草。
先把用料減至最少,再構成整體的味道,
這就是我的法式料理。從一開始就靠加法是無法構思的。
來,至於要加上什麼,這次的回答是番茄與大蒜。

## 031 西瓜瑞可達起司檸檬沙拉

原本以為西瓜是日本的果實，
但在地中海沿岸和中東也經常被人食用。
在土耳其會看到搭配新鮮起司食用，
我在義大利則是看到人們擠檸檬，大快朵頤的樣子。
試著重現這道料理，原來如此，我能夠理解這種美味。

# 西瓜

葫蘆科西瓜屬

原產地│非洲中南部

時　期│6～8 月

日本夏天的應景水果。果肉幾乎都是水分,特色是葫蘆科獨特的香氣,清脆多汁的口感,和微微的甜味。雖然很難直接用在料理上,不過搭配香料或酒類,就能讓味道出現亮點,一口氣凝聚變得鮮明。初夏上市的小玉西瓜,果肉的紋理較細,滋味與香氣也很強烈。

---

030

## 西瓜冷湯

**材料**（4 人份）

西瓜（淨重）… 300 g

番茄… 1 顆

大蒜（切末）… 1/2 小匙

小洋蔥（切末）… 20 g

橄欖油… 2 大匙

砂糖… 1 小匙

鹽、胡椒… 各適量

**作法**

1 西瓜去除表皮和種子,番茄也去皮去籽,一起放進冰箱冷藏。

2 1 和其他所有材料都倒入攪拌機攪拌,然後倒入容器中。

---

031

## 西瓜瑞可達起司檸檬沙拉

**材料**（4 人份）

西瓜（淨重）… 500 g

瑞可達起司… 200 g

A

　檸檬汁… 2 顆

　杜松子酒… 2 大匙

　橄欖油… 1 大匙

　鹽、胡椒… 各適量

芝麻菜… 適量

**作法**

1 用大匙大塊剜出西瓜沒有種子的部分,拿來裝盤用。

2 剩下的西瓜去除種子放入攪拌機,加入 A 攪拌。

3 將 1 裝盤,從上方澆上 2。用手將瑞可達起司撕碎放上,磨碎胡椒並撒在上面,用芝麻菜點綴。

## 032 紅肉哈密瓜螃蟹　配法式牛清湯肉凍

提到日本的哈密瓜都是綠色的，但在法國指的是橙色的紅肉哈密瓜。

紮實的果肉也容易和料理搭配。

螃蟹與法式牛清湯肉凍的組合，這在法國很常見。

螃蟹、牛肉的美味重疊，然後由哈密瓜統合，是固有的公式。

### 033 紅肉哈密瓜羅克福起司沙拉
### 炒杏仁雪莉酒風味

如果哈密瓜打成果泥，就會變成喝的沙拉。
使用雪莉酒感覺就像加上清燉肉湯。
哈密瓜和乳脂肪很搭。
甜味也很強烈，和羅克福起司的鹹味實在非常搭配。

**034 螯蝦哈密瓜沙拉　潘諾茴香酒蒔蘿風味**

另一方面，綠色哈密瓜的特色是如小黃瓜或西瓜般
有著葫蘆科特有的清涼感與香氣。
和海鮮非常速配，搭配的酒類是潘諾茴香酒，
香氣則再加上蒔蘿，關鍵字是清新的綠色。

綠色哈密瓜的纖維十分柔軟。
長時間加熱就會散掉，所以考慮直接烘烤讓它變色。
甜味濃縮在果肉中，和扇貝十分協調。

# 哈密瓜

葫蘆科甜瓜屬
原產地｜非洲
時　期｜6～7月、部分為一
整年

提到香瓜，就是高級水果的代名詞。而同樣是網眼圖樣的哈密瓜，安第斯香瓜是價錢公道的哈密瓜代表。另一方面，西歐主要的紅肉哈密瓜，日本產的夕張哈密瓜為其中代表。這種哈密瓜果肉紋理較細，容易運用於料理中。包含生火腿，和肉類料理也很搭。搭配潘諾茴香酒、波特酒等酒類也十分有效。

---

032

## 紅肉哈密瓜螃蟹
## 配法式牛清湯肉凍

**材料**（2人份）
紅肉哈密瓜 … 1/2 個
楚蟹（蟹肉）… 120 g
美乃滋（▶ p216）… 2 小匙
白波特酒（▶ p222）… 2 小匙
牛清湯肉凍 … 4 大匙
鹽、胡椒 … 各適量

**作法**
1　哈密瓜去除種子，用大匙剜成一口大小，擺在盤子上。
2　蟹肉用美乃滋和白波特酒拌一下，撒上鹽、胡椒，放到哈密瓜上面。
3　牛清湯肉凍挖開，滿滿地放到蟹肉上，磨碎黑胡椒並撒在上面。

※　牛清湯肉凍是牛清湯（▶ p216）冷卻凝固後的狀態。

---

033

## 紅肉哈密瓜羅克福起司沙拉
## 炒杏仁雪莉酒風味

**材料**（2人份）
紅肉哈密瓜 … 1/2 個
雪莉酒 … 2 大匙
橄欖油 … 2 大匙
杏仁（切片）… 1 大匙
羅克福起司 … 80 g
鹽、胡椒 … 各少量

**作法**
1　杏仁用平底鍋乾煎。
2　哈密瓜去籽，將果肉用大匙剜成 8～9 小塊。剩下的果肉放入攪拌機，加上雪莉酒、橄欖油攪拌，用鹽、胡椒調味。
3　將剜出的哈密瓜果肉裝盤，倒入 2 的果泥，撒上撕碎的羅克福起司和炒杏仁。淋上少許橄欖油（額外份量），磨碎胡椒並撒在上面。

**034**
# 螯蝦哈密瓜沙拉
# 潘諾茴香酒蒔蘿風味

材料（2 人份）
螯蝦（蝦尾）… 4 隻
哈密瓜 … 1/2 個
蒔蘿 … 4 ～ 5 根
潘諾茴香酒 … 2 大匙
續隨子 … 1 大匙＋少量
橄欖油 … 3 大匙
鹽、胡椒 … 各適量

作法
1 螯蝦帶殼用蒸籠蒸 3 分鐘。剝殼冷卻到常溫，直向切成兩半。

2 哈密瓜去籽，用大匙剜成 8 ～ 9 小塊。剩下的果肉放入攪拌機，加入蒔蘿的葉尖、潘諾茴香酒、續隨子 1 大匙、橄欖油攪拌，用鹽、胡椒調味。

3 剜出的哈密瓜和螯蝦裝盤，淋上 2 的醬汁，撒上少許續隨子。

---

**035**
# 哈密瓜炙烤扇貝
# 碎小麥高達起司配羅勒

材料（2 人份）
哈密瓜 … 1/2 個
扇貝貝柱 … 6 顆
碎小麥 … 100 g
高達起司 … 60 g
雪莉醋 … 1 大匙
橄欖油 … 2 大匙
鹽、胡椒 … 各少量
羅勒 … 適量

作法
1 碎小麥加上少許鹽巴，用熱水煮 8 分鐘。

2 哈密瓜去籽，切成一口大小。

3 扇貝貝柱和哈密瓜放到鐵網上直接烘烤。整體烤到變色後盛到調理碗中。

4 在 3 加入 1 的碎小麥和用手撕碎的高達起司，加入雪莉醋、橄欖油、鹽、胡椒攪拌。裝盤，配上羅勒。

▶ 035

切成一口大小的哈密瓜和扇貝放到鐵網上烤。

百香果醃扇貝
　　烤花椰菜慕斯　番茄果凍

花椰菜圓潤的鮮味，
搭配用百香果果汁醃泡的扇貝貝柱，
是一道能嚐到與鮮明強烈酸味呈現對比的優雅前菜。

### 037 百香果醃黃帶擬鰺
### 配茴香

將百香果的酸味當成調味料，
以醋醃黃帶擬鰺的感覺用果汁醃泡。
若是用醋，必然也得加橄欖油強調味道。
比柑橘類的酸味更複雜又能持續，這也是優點。

## 038 油封鮭魚百香果美乃滋醬
### 配葡萄柚

以在美乃滋加入柑橘類果汁的感覺完成的醬汁，
和黏糊糊、滋味豐富的油封鮭魚非常搭配。
配上葡萄柚與續隨子略微的苦味也是強調重點。

### 039 烤箱烤比目魚裹麵包粉
### 百香果牛油醬

所謂的白酒醬（Sauce vin blanc）的改編。
令人重新感受到百香果與乳脂肪有多速配。
使白肉魚上等的美味更加顯著。

# 百香果

西番蓮科西番蓮屬

原產地 | 中南美
時　期 | 6～8月

蔓性多年生草本植物。包覆種子的半透明果凍狀部分和種子是可食部分。雖然大部分是從菲律賓等地進口，不過日本國產栽種也逐漸開始盛行。它的魅力終究在於鮮明強烈的酸味，從未熟到熟透糖度會逐漸提高，但仍會留下強烈的酸味，這是和其他水果的不同之處。最好按照料理和甜點，選用不同熟度的百香果。

---

**036**

## 百香果醃扇貝
## 烤花椰菜慕斯　番茄果凍

**材料**（4人份）

扇貝貝柱…8顆
花椰菜…1顆
百香果…2顆
雞湯（▶p216）…100 ml
鮮奶油（打發八分）…2大匙
番茄清湯凍…4大匙
薄荷（切絲）…少量
鹽、胡椒…各適量

**作法**

1 製作花椰菜慕斯。花椰菜切成小朵，用不抹油的平底鍋炒到變色。

2 1和雞湯倒入鍋中，燉煮到花椰菜變軟。

3 2連同湯汁倒入攪拌機攪到變滑順，用鹽、胡椒調味，放進冰箱冷卻。

4 連同種子取出百香果的果肉。

5 扇貝貝柱切成5mm丁塊，加入4和薄荷拌一下，放進冰箱醃泡1小時。

6 裝盤前將3的花椰菜泥加上鮮奶油，擠到玻璃杯中。疊上5、番茄清湯凍。

**番茄清湯凍的作法**

1 番茄5顆連皮放入攪拌機，移至鍋中煮到沸騰。

2 立刻用布過濾後，用鹽、胡椒調味，大約1ℓ泡漲12g的明膠加入，讓它冷卻凝固。

---

**037**

## 百香果醃黃帶擬鰺
## 配茴香

**材料**（4人份）

黃帶擬鰺（切成3片魚片）…200g
百香果（果泥）…60 ml
番茄丁（▶p218）…1顆的份量
紅洋蔥（切成5mm丁塊）…1/2顆的份量
茴香…1/2株
**醬汁**
　百香果…2個
　橄欖油…3大匙
　魚露…2大匙
　胡椒…適量
　砂糖…1/2小匙
鹽、胡椒…各適量

**作法**

1 黃帶擬鰺撒上鹽、胡椒，和百香果泥一起倒入真空包，醃漬一整晚。

2 茴香的莖切成5mm丁塊，葉子留著裝飾用。

3 製作醬汁。連同種子挖出百香果果肉，加入剩下的醬汁材料攪拌。

4 醃漬的黃帶擬鰺切成小丁裝盤，撒上番茄丁、紅洋蔥、茴香的丁塊。淋上醬汁，用撕碎的茴香葉裝飾。

038

# 油封鮭魚
# 百香果美乃滋醬　配葡萄柚

材料（4 人份）

油封鮭魚（▸p217）…320 g

百香果美乃滋醬

> 蛋黃…2 顆
> 芥末…1 大匙
> 橄欖油…200 ml
> 百香果（果泥）…
> 　3 大匙
> 鹽、胡椒…各適量

續隨子…少量

粉紅葡萄柚（果肉）…1 顆的份量

蒔蘿…適量

作法

1 製作百香果美乃滋醬。蛋黃和芥末倒入調理碗中攪拌，加入少許橄欖油攪拌製作美乃滋。斟酌濃度慢慢加入百香果泥攪拌，用鹽、胡椒調味。

2 將油封鮭魚從真空包取出，直向切成2 等分。百香果美乃滋醬鋪在容器上，放上油封鮭魚，撒上續隨子和切丁的葡萄柚果肉，用蒔蘿點綴。

039

# 烤箱烤比目魚裹麵包粉
# 百香果牛油醬

材料（4 人份）

比目魚（魚片）…200 g×4 片

麵包粉…適量

白酒…100 ml

小洋蔥（切末）…1 大匙

蘑菇（切片）…8 個份

木犀草（▸p222）…少量

百香果（果泥）…100 ml

苦艾酒（▸p222）…100 ml

雞湯（▸p216）…250 ml

牛油…100 g ＋適量

鹽、胡椒…各適量

作法

1 比目魚撒上鹽、胡椒，在上面塗上少許融化牛油，一面沾滿麵包粉。在焗烤盤塗上少許牛油排上比目魚，用耐高溫的容器烘烤。加熱 5 成後從周圍倒入白酒別讓表面太濕，利用白酒變得濕潤後，將表面的麵包粉烤到酥脆變色。

2 小洋蔥、蘑菇、木犀草倒入鍋中，用少許牛油炒到變軟。

3 加入百香果果泥和苦艾酒煮到剩下一半。加入雞湯再煮到變成 1/3，用100g 牛油增添風味，然後用鹽、胡椒調味。

4 3 的醬汁鋪滿盤子，放上 1。

## 040 藍莓燴豬肩里肌肉

以充分加熱的洋蔥甜味和藍莓的酸味
燉煮肉塊的料理。用醋燉煮會使肉變硬，
而水果的酸能讓肉質柔軟，整體的滋味也更溫和。

## 041 牛腰肉排
### 藍莓羅克福起司醬

與內臟鄰接的部位牛腰肉（貝身肉 ▶ p222），
有微微的內臟腥味，以添加紅酒多酚的要領
加上滿滿的藍莓。和內含的鐵質非常搭配。

# 藍莓

杜鵑花科越橘屬

原產地 北美
時　期 6～8 月

雖然大多數進口是來自於美國，但日本國產品也逐漸增加。在矮樹灌木結出成串的果實。在 6～8 月收成。深紫色的來源是花青素這種色素，具有強大的抗氧化作用，對眼睛有益也為人熟知。原本是煮成果醬或做成醬汁等，通常是作為保存食品。糖度也比較低，所以也適合當成料理加熱調理。

---

040  ## 藍莓燴豬肩里肌肉

材料（4 人份）
豬肩里肌肉…1 kg
麵粉…適量
洋蔥（切片）…1 顆
藍莓…150 g
白酒…250 ml
小牛高湯（▶ p216）…200 ml
牛油…50 g
沙拉油…適量
鹽、胡椒…各適量

作法

1 豬肩里肌肉切成 4 等分，撒上鹽、胡椒，抹上麵粉拍打。用沙拉油嫩煎。

2 兩面煎到恰好時先起鍋，把油倒掉，倒入洋蔥炒到變軟。倒入藍莓、白酒和小牛高湯，把肉放回去，沸騰後蓋上鍋蓋，移到 180℃的烤箱燴 20 分鐘。變軟後用鹽、胡椒調味，用牛油增添風味，然後裝盤。

---

041  ## 牛腰肉排
## 藍莓羅克福起司醬

材料（2 人份）
牛腰肉（▶ p222）…300 g
小洋蔥（切末）…2 大匙
紅酒…200 ml
藍莓…50 g
小牛高湯（▶ p216）…200 ml
鮮奶油…30 ml
羅克福起司…50 g
棕色蘑菇…適量
牛油…20 g ＋適量
鹽、胡椒…各適量

作法

1 牛肉撒鹽煎成玫瑰色，完成時撒上胡椒，放在溫暖處靜置。

2 小洋蔥和紅酒倒入鍋中，煮到水分幾乎收乾。接著倒入藍莓和小牛高湯，煮到剩下一半。

3 鮮奶油和羅克福起司倒入 2 融解，完成時用 20g 牛油增添風味，然後用鹽、胡椒調味。

4 用少許牛油炒棕色蘑菇，撒上鹽、胡椒。牛腰肉排切成一半，斷面朝上裝盤，配上 3 的醬汁，和棕色蘑菇搭配。

# 第 3 章

# 秋

042 醃鮭魚麝香葡萄沙拉
　　醋橘風味奶油起司椰子片

奶油起司、柑橘類、麝香葡萄、椰子⋯⋯
乍看之下毫無關聯的食材，卻以鮭魚濃郁的美味為主軸，
攜手完成一道料理。清爽的麝香葡萄變成清口要素。

043 清炒蝦仁 麝香葡萄時蔬希臘風醃菜

芫荽與醋味道強烈的希臘風醃菜，
恰到好處地打斷麝香葡萄的甜味，完成清爽的滋味。
和鮮美的蝦仁也是絕配。

## 044 烤箱烤比目魚裹麵包粉
### 麝香葡萄番茄蘑菇奶油醬

鎖住美味的比目魚裹麵包粉加上奶油醬是古典的法國料理。

如果考慮在醬汁加上白酒，

醬汁完成時加入麝香葡萄也是極為自然的想法。

將能完成一道優雅的料理。

045 麝香葡萄蛋白霜百香果醬
覆盆子冰淇淋

換個手法組合充滿個性的三種果實，
使得主角麝香葡萄更加突出的奢華甜點。
麝香葡萄味道高雅卻又強烈，它的特性不會被埋沒。

# 麝香葡萄

葡萄科葡萄屬
原產地 | 中近東
時　期 | 7～9 月

近年來，綠色葡萄種類也增加了，而源頭是號稱葡萄女王的亞歷山大麝香葡萄。最近由於晴王麝香葡萄等皮薄、無籽的葡萄普及，應用於料理的機會也增加了。一般而言綠色葡萄的特色是上等的甜味與酸味，以及清涼的麝香葡萄香。與白酒是同樣的取向，自然也能搭配海鮮料理。

---

**042**

## 醃鮭魚麝香葡萄沙拉
## 醋橘風味奶油起司椰子片

材料（2 人份）
醃鮭魚（▶p218）…4 片
晴王麝香葡萄…2 顆
醋橘…2 顆
奶油起司…60 g
鮮奶油…1 大匙
續隨子…1 大匙
椰子片…適量
橄欖油…適量
鹽、胡椒…各適量

作法
1 麝香葡萄直向切成 4 等分的月牙形。醋橘皮用果皮刮刀磨細用於收尾，果肉榨成果汁。
2 奶油起司隔水加熱變軟，加入鮮奶油攪拌到變得滑順。加入醋橘的果汁、鹽和胡椒調味。
3 奶油起司鋪在盤子上並放上醃鮭魚，撒上麝香葡萄、續隨子、椰子片。淋上橄欖油並撒上醋橘皮。

---

**043**

## 清炒蝦仁
## 麝香葡萄時蔬希臘風醃菜

材料（6 人份）
醃菜
洋蔥（切成月牙形）…1 顆
胡蘿蔔（切滾刀塊）…1 根
芹菜（切滾刀塊）…1 根
紅椒（切成月牙形）…1 顆
小黃瓜（切成 1cm 寬的圓片）…1 條
蕪菁（切成 1cm 厚的半月形）…2 顆
醃泡汁
白酒醋…50 ml
白酒…100 ml
芫荽（粉）…1/2 小匙
砂糖…1 小匙
鹽…1/2 小匙
月桂…1 片

剝殼蝦仁…24 隻
晴王麝香葡萄（對半切）…12 顆
番茄（切成月牙形）…6 顆
橄欖油…1 大匙
鹽、胡椒…各少量
羅勒（切絲）…3 片

作法
1 製作醃菜。醃泡汁的材料倒入鍋中煮沸後再煮一會兒，讓酸味揮發到恰當的程度。
2 蔬菜類先倒入鍋中轉到大火，醃泡汁沸騰後先攪拌，蓋上鍋蓋，就這樣沸騰 2 分鐘。離火冷卻，再放進冰箱醃漬一整晚。
3 蝦仁撒上鹽、胡椒，用橄欖油炒。
4 醃菜盛到調理碗中，炒過蝦仁的油也一起加入。加入麝香葡萄與番茄，撒上胡椒，攪拌到整體乳化。最後加上羅勒攪拌，裝盤。

**044**

## 烤箱烤比目魚裹麵包粉　麝香葡萄番茄蘑菇奶油醬

材料（2人份）
比目魚…2切れ（各150g）
牛油…適量
麵包粉…適量
白酒…30ml
鹽、胡椒…各適量
醬汁
　小洋蔥（切片）…2顆
　蘑菇（切片）…8顆
　白酒…100ml
　魚高湯（▶p216）…200ml
　鮮奶油…80ml
　晴王麝香葡萄（切四等份）…4顆
　番茄丁（▶p218）…1大匙
　水溶玉米粉…適量
　荷蘭芹（切末）…1小匙
　牛油…30g＋30g

作法
1 製作醬汁。小洋蔥和30g牛油倒入鍋中慢慢炒。散發香味後加入蘑菇和白酒煮到剩下一半。倒入魚高湯煮到剩下一半，用漏勺過濾。
2 比目魚去皮撒上鹽、胡椒，肉這一側塗上融化牛油沾上麵包粉。
3 2放到塗上少許牛油的派盤上，用耐高溫的容器加熱。加熱5成後從派盤周圍倒入白酒，再烤到麵包粉變色。

4 完成醬汁。將1移到小鍋，加入鮮奶油煮到有點變濃，倒入麝香葡萄和番茄丁用水溶玉米粉銜接，加上荷蘭芹，用30g牛油增添風味。
5 醬汁滿滿地鋪在盤子上，放上比目魚。

---

**045**

## 麝香葡萄蛋白霜百香果醬覆盆子冰淇淋

材料（1人份）
晴王麝香葡萄（對半切）…4個顆
烤蛋白霜（▶p219）…適量
香緹鮮奶油（▶p219）…1/2杯
覆盆子冰淇淋*…適量
百香果…2個

作法
1 麝香葡萄在盤子裡排成圓形，香緹鮮奶油擠在正中間。放上弄散的烤蛋白霜，疊上覆盆子冰淇淋。舀起百香果果肉從上面撒上。

＊ 覆盆子冰淇淋的作法請參照p219的草莓冰淇淋。

▶ 044

1 在白醬加入麝香葡萄。

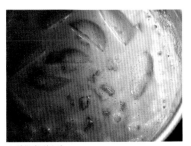
2 稍微煮到入味。

### 046 里昂風豬肝配紅葡萄

另一方面，可以期待紅葡萄作為紅酒的作用。
洋蔥炒過散發甜味的里昂風手法，
加上紅葡萄、小牛高湯、波特酒燉煮，
能將豬肝的風味漂亮地轉變為美味。

### 047 紅酒燴紅葡萄紅高麗菜

接近紫色的高麗菜顏色加上紅酒和紅酒醋
加熱後變成鮮豔的紅色。
這時紅葡萄的風味層層疊上。
三種紅色，顏色的調和直接成了味覺的調和。

香料麵包粉烤豬肩里肌肉
佐紅葡萄醬

沾上有香料的香料麵包粉取代麵包粉烤豬肩里肌肉。
紅酒煮乾，加了小牛高湯的紅葡萄醬，
和香料搭配起來很不錯。
葡萄是配料，同時也是醬汁的強調重點。

049. 火焰燃燒紅葡萄　黑胡椒風味
配馬斯卡彭起司

蜂蜜烤焦的微苦味包覆紅葡萄，
紅酒和鮮奶油煮乾完成滋味濃郁的餐後甜點。
黑胡椒強烈的味道，鎖住豐潤的甜味。

# 紅葡萄

葡萄科葡萄屬

原產地｜中近東

時　期｜8～10月

全球最廣為栽種的水果，作為葡萄酒原料的紅葡萄。日本所說的紅葡萄，一般是指巨峰、比歐內等果皮是深紫色的葡萄，不過也有羅馬紅寶石葡萄等紅色果皮的葡萄。由於糖度高、甜味強烈，所以運用於料理頗有難度，不過輪廓清楚的酸甜滋味若能有效運用，就能完成頗有意思的料理。

---

046

## 里昂風豬肝
## 配紅葡萄

材料（2 人份）

豬肝…300 g

洋蔥（切片）…2 顆

大蒜（切末）…1 小匙

波特酒（▶ p222）…100 ml

小牛高湯（▶ p216）…100 ml

紅葡萄（對半切）…10 顆

荷蘭芹（切末）…1 小匙

鹽、胡椒…各適量

麵粉…適量

牛油…30 g ＋少量

沙拉油…20 ml

作法

1 豬肝削掉外側的薄皮，去除粗的血管，切成 5mm 的切片。撒上鹽、胡椒，抹上麵粉拍打。

2 少許牛油和沙拉油倒入鍋中加熱，放入 1 的豬肝將表面炒到變色。豬肝先起鍋，加上洋蔥，慢慢地炒。洋蔥變透明有甜味後，加入大蒜，倒入波特酒煮到水分幾乎收乾。

3 倒入小牛高湯，倒回在 2 起鍋的豬肝，加入紅葡萄燉煮。豬肝表面的麵粉溶出，濃度恰好時撒上荷蘭芹，用 30g 牛油增添風味，用鹽、胡椒調味並裝盤。

---

047

## 紅酒燴紅葡萄紅高麗菜

材料（4 人份）

紅高麗菜…1 顆

紅葡萄…10 顆

A

　紅酒醋…50 ml

　紅酒…50 ml

　砂糖…1 小匙

　核桃油…2 大匙

　核桃（切末）…1 大匙

　鹽、胡椒…各適量

荷蘭芹（切末）…適量

作法

1 和紅高麗菜纖維成直角切絲。紅葡萄直向切成 4 等分。

2 紅葡萄與 A 倒入鍋中加熱，煮沸後倒入紅高麗菜蓋上鍋蓋燉煮 15 分鐘。整體呈現透明感，酸味變得圓潤便 OK。最後撒上荷蘭芹。

048

## 香料麵包粉烤豬肩里肌肉
## 佐紅葡萄醬

材料（2 人份）

豬肩里肌肉⋯300 g

鹽、胡椒⋯各少量

麵粉⋯少量

芥末⋯適量

香料麵包（▶p219）粉*⋯2 大匙

美洲南瓜⋯1/2 根

醬汁

　木犀草（▶p222）⋯1 撮

　紅酒醋⋯30 ml

　砂糖⋯1 小匙

　紅酒⋯100 ml

　小牛高湯（▶p216）⋯150 ml

　紅葡萄（對半切）⋯8 顆

　牛油⋯30 g

　鹽、胡椒⋯各適量

作法

1　製作醬汁。木犀草、紅酒醋和砂糖倒入鍋中，煮到水分幾乎收乾。

2　在 1 加入紅酒，煮到約剩下一半。倒入小牛高湯再煮到剩一半然後過濾，加入葡萄煮 3 分鐘。

3　豬肉撒上鹽、胡椒並沾上麵粉，用平底鍋將兩面煎成漂亮顏色。起鍋在一面塗上薄薄一層芥末，均勻地抹上香料麵包粉。用 240℃的烤箱烤 5 分鐘加熱成玫瑰色，然後靜置。

4　美洲南瓜切成 2mm 厚的薄片，用烤盤烤到有烤痕。

5　4 的美洲南瓜鋪在盤子上，將 3 的豬肉切成 6 等分，各放上 3 片。將 2 的醬汁加熱，最後用牛油增添風味，用鹽、胡椒調味。取出紅葡萄並撒上，整體淋上醬汁。

\* 香料麵包放入攪拌機攪拌再用篩子過篩。

紅葡萄

---

049

## 火焰燃燒紅葡萄　黑胡椒風味
## 配馬斯卡彭起司

材料（1 人份）

紅葡萄（對半切）⋯8 顆

蜂蜜⋯3 大匙

干邑白蘭地⋯2 大匙

紅酒⋯150 ml

鮮奶油⋯80 ml

牛油⋯20 g

馬斯卡彭起司⋯40 g

糖粉⋯10 g

胡椒⋯少量

作法

1　蜂蜜倒入平底鍋加熱，煮到快要煮焦前。倒入紅葡萄沾上蜂蜜後再倒干邑白蘭地點火燃燒。

2　接著倒入紅酒，煮到剩下一半，然後倒入鮮奶油。再煮到剩下 2/3 加入牛油增添風味，磨碎胡椒並撒在上面。

3　熱滾滾的紅酒煮葡萄裝盤，放上加入糖粉攪拌的馬斯卡彭起司，磨碎胡椒並撒在上面。

## 050 水梨蝦仁小黃瓜番茄甜椒 鷹嘴豆摩洛哥沙拉

水梨的魅力是清脆的口感和水靈靈的甜味。
即使用在各種口感與味道在口中交疊的摩洛哥沙拉，
突出的清涼滋味也會留在口中。
水梨的強大存在感令人再次驚豔。

### 051 水梨烤牛肉沙拉山葵醬

其實這是來自韓國料理的構想。提到擅長在料理中使用水梨，
而且又喜歡牛肉的國家，那就是韓國。
能將和牛的美味鎖住十二分的烤牛肉配上切片的水梨，
就能品嚐到前所未有的清涼感。

## 052 水梨蘑菇義大利麵

這種義大利麵也是受到韓國冷麵觸發的一道料理。
這是因為，冷麵一定會有水梨。把冷麵換成義大利麵，
蘑菇用大火快炒，加上水梨，在義大利麵上撒滿。
爽口的義大利麵用帕馬森起司收尾。

### 053 水梨瞬間燻製馬肉
### 塔塔肉排

塔塔肉排的重點加上水靈靈的水梨非常順口。
因為覺得直接搭配馬肉欠缺深度，
所以瞬間煙燻。收尾時撒上滿滿的
艾斯佩雷產辣椒粉，便成了大人的滋味。

# 水梨

薔薇科梨屬

原產地｜中國

時　期｜8～10月

從90％成分是水可以知道，它最大的魅力是水嫩多汁。還有果肉中淡淡的甜味。粗纖維、清脆的口感也是特色，最適合潤喉。不過正因如此，它完全不適合加熱，在用於料理時，如何活用新鮮風味著實令人煞費苦心。即使細切口感仍會保留，可以利用這個特點。

---

**050**

## 水梨蝦仁小黃瓜番茄甜椒鷹嘴豆摩洛哥沙拉

**材料**（4人份）

鷹嘴豆（水煮）…200g

剝殼蝦仁…12隻

A

　水梨（削皮切成2cm丁塊）…1顆

　小黃瓜（切成2cm丁塊）…2條

　甜椒（切成2cm丁塊）

　　…紅黃椒各1顆

　大蒜（切末）…1小匙

　番茄丁（▶p222）…1顆

　荷蘭芹（切末）…1小匙

油醋醬（▶p216）…3大匙

鹽、胡椒…各適量

薄荷…適量

**作法**

1 鷹嘴豆放入水煮開後，水全部倒掉。剝殼蝦仁去掉腸泥，用鹽水煮過再冷卻。

2 1和A全倒入調理碗中，加入油醋醬攪拌，用鹽、胡椒調味。裝盤，再用薄荷裝飾。

\*煮鷹嘴豆時，倒回的豆子用常溫水開始煮。

---

**051**

## 水梨烤牛肉沙拉山葵醬

**材料**（4人份）

水梨…1顆

烤牛肉（2mm厚）…8片

山葵醬

　美乃滋（▶p216）…2大匙

　山葵（辣根菜也行）…30g

　醬油…1大匙

　檸檬汁…1小匙

　鹽、胡椒…各少量

油醋醬（▶p216）…2大匙

羅勒…12片

艾斯佩雷產辣椒粉（▶p222）…適量

**作法**

1 水梨連皮用切片機切成12片1mm的薄片。

2 製作山葵醬。磨碎山葵加在美乃滋裡面，用醬油、檸檬汁、鹽和胡椒調味。

3 烤牛肉排在盤子裡，淋上山葵醬，切片的水梨排成圓形放上去。整體淋上油醋醬，用羅勒點綴，撒上艾斯佩雷產辣椒粉。

# 052

# 水梨蘑菇義大利麵

**材料**（2 人份）
蘑菇（對半切）…3 顆
雞油菌菇（切成一口大小）…6 朵
牛肝菌菇（切成 1 cm 丁塊）…2 朵
水梨（削皮，切成 1 cm 丁塊）…1/2 顆份
小洋蔥（切末）…1 小匙
大蒜（切末）…1/2 小匙
荷蘭芹（切末）…1 小匙
白酒…50 ml
雞湯（▶ p216）…150 ml
牛油…30 g
義大利細麵…100 g
帕馬森起司…2 小匙
鹽、胡椒…各適量

**作法**
1　牛油倒入平底鍋加熱，菇類用大火快炒。
2　加入小洋蔥、大蒜、荷蘭芹、水梨，倒入白酒，煮到水分收乾。
3　倒入雞湯，煮到剩一半。放入用加鹽熱水煮過的義大利細麵煮 1 分鐘，用鹽、胡椒調味。裝盤，撒上帕馬森起司。

---

053

# 水梨瞬間燻製馬肉
# 塔塔肉排

**材料**（2 人份）
馬腿肉（生食用）…120 g
水梨（削皮切成 7 mm 丁塊）…1/4 顆
續隨子（粗略切碎）…1 小匙
小洋蔥（切末）…1 小匙
荷蘭芹（切末）…1 小匙
蛋黃…1 個
番茄醬…1 小匙
伍斯特醬…1 小匙
橄欖油…1 大匙
塔巴斯科辣椒醬…少量
鹽、胡椒…各適量

**作法**
1　擦去馬肉表面的水分，瞬間燻製（▶ p218）然後立刻放進冰箱。冷卻後切成 7 mm 丁塊。

2　用大蒜（額外份量）的斷面磨擦調理碗，1 和剩下的材料全倒進去，充分攪拌到乳化。蛋糕模型放在盤子裡裝塔塔醬。最後撒上艾斯佩雷產辣椒粉（▶ p222，額外份量）。

▶ 053

1 切丁的水梨和塔塔醬的材料倒入調理碗。

2 攪拌到黏稠乳化並且入味。

### 054 洋梨自製義式肉腸
拱佐諾拉起司沙拉

從紋理細緻的洋梨果肉發出的
甘甜香氣和酸甜滋味，
和義式肉腸、拱佐諾拉起司互相襯托。
黑橄欖的鹹味也是重點。

和水梨不同，炒過能讓洋梨的鮮味一口氣濃縮。
搭配野豬這種正統的野味，
野豬肉也不輸血醬，強調出華麗的存在感。

洋梨烤小牛
　　威廉洋梨醬

在料理中使用水果時，準備酒類的原料也是正統的手法。
加入洋梨利口酒「威廉洋梨甜酒」的醬汁
沾滿烤小牛和洋梨再享用，味道更能呈現深度。
這道料理令人重新認識到沾上牛肉油脂的水果鮮味。

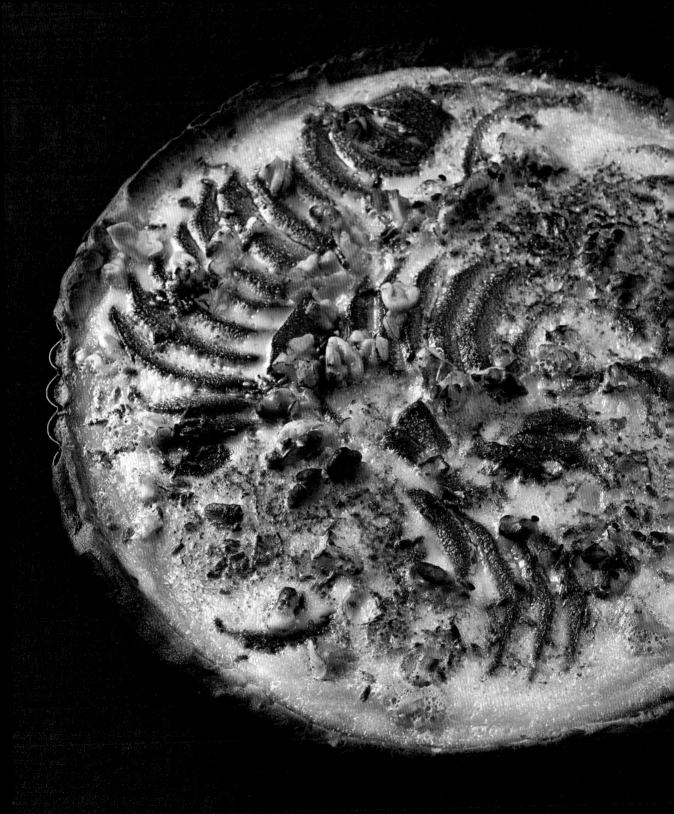

### 057 洋梨紅酒果盤核桃
### 薰衣草餡餅

愈煮愈美味的洋梨。用紅酒做成果盤後，
倒入蛋液烘烤的傳統餡餅
是法國獨有的美味。
濃郁的薰衣草香氣帶來新風潮。

# 洋梨

薔薇科梨屬

原產地｜歐洲

時　期｜9～12月

雖然同樣叫做梨子，但是果肉的質感、味道、香氣，各方面都和水梨不同。由於紋理細緻，適合加熱，從果盤到煎炒，料理的改編幅度非常大。日本水梨是改良法國原產品種的獨特品種，而法蘭西梨和新潟洋梨非常有名。後者的紋理更細緻，成熟後會有入口即化的口感。

---

**054**

## 洋梨自製義式肉腸
## 拱佐諾拉起司沙拉

**材料**（2人份）

洋梨…1顆

義式肉腸（▶p217）…6～8片

拱佐諾拉起司…60g

黑橄欖（切末）…1大匙

油醋醬（▶p216）…3大匙

鹽、胡椒…各適量

羅勒…適量

**作法**

1 削皮切成月牙形的洋梨、義式肉腸、撕碎的拱佐諾拉起司、黑橄欖倒入調理碗中，用油醋醬拌一下，再用鹽、胡椒調味。

2 均勻地裝盤，撒上羅勒葉。

---

**055**

## 烤野豬肉配
## 洋梨血醬

**材料**（2人份）

野豬里肌肉…400g

小洋蔥（切末）…2大匙＋1小匙

威廉洋梨甜酒（▶p222）…2大匙

紅酒…100ml

小牛高湯（▶p216）…250ml

牛油…20g＋30g

豬血…1大匙

天然菇類（雞油菌菇、平菇、松茸等）
　3種…各50g

洋梨…1個

大蒜（切末）…1小匙

荷蘭芹（切末）…1小匙

鹽、胡椒…各適量

**作法**

1 野豬里肌肉油脂太厚的部位削去，去除硬筋。撒鹽，平底鍋加熱，油脂面朝下放入，煎到變色。反面也煎好後，直接移到240℃的烤箱烤大約10分鐘，烤成玫瑰色。

2 清理豬肉時出現的筋與油脂用另一只鍋子煎炒，倒入2大匙小洋蔥末。小洋蔥變軟後加入威廉洋梨甜酒，持續煮到水分幾乎收乾時再倒入紅酒。

3 煮到紅酒的水分幾乎收乾便加入小牛高湯，煮到剩2/3的量。用鹽、胡椒調味，並用20g牛油增添風味再加入豬血增加濃度，完成醬汁。

4 搭配的菇類菌傘清乾淨，去掉菌柄，切成一口大小。

5 30g牛油放入平底鍋加熱，倒入帶皮切成月牙形的洋梨，炒到變色。洋梨先起鍋倒入4，充分翻炒，撒上鹽、胡椒。倒回洋梨，加入小洋蔥末1小匙、大蒜、荷蘭芹攪拌。

6 切好的烤野豬肉裝盤，撒上胡椒，配上5。3的醬汁倒在周圍。

# 洋梨烤小牛
# 威廉洋梨醬

洋梨

**材料**（4人份）

小牛里肌肉…800g

洋梨（比較的硬一點的）…2顆

雞油菌菇…8朵

平菇…8朵

蘑菇…8顆

小胡蘿蔔…4根

小洋蔥（切末）…2大匙

大蒜（切末）…1小匙

威廉洋梨甜酒（▶p222）…3大匙

白酒…50ml

小牛高湯（▶p216）…100ml

荷蘭芹（切末）…1小匙

沙拉油…30ml

牛油…40g＋30g

鹽、胡椒…各適量

**作法**

1 洋梨帶皮切成8等分的月牙形，菇類清掉菌柄。

2 用鐵製平底鍋或銅鍋加熱沙拉油和40g牛油，將撒上鹽、胡椒的小牛里肌肉從油脂側放入用小火煎。稍微變色後翻面，淋上油脂，一邊淋一邊煎。整體變成白色後從平底鍋起鍋，先靜置一會兒。

3 靜置5分鐘後將肉再倒回鍋中，翻面再用小火一邊淋油一邊煎。

4 兩面煎熟後肉起鍋，先靜置。倒掉平底鍋裡的油脂，倒入洋梨、菇類和胡蘿蔔，用小火煎熟。煎到變色後在上面放上3，放進230℃的烤箱烤15分鐘。肉、洋梨、菇類、胡蘿蔔起鍋，先保溫。

5 小洋蔥和大蒜倒入4的鍋中，炒到沾上鍋底的鍋巴。倒入威廉洋梨甜酒，煮到酒精揮發，再倒入白酒煮到剩下一半。最後加入小牛高湯煮到剩下一半。

6 用網眼細的漏勺過濾5再煮一下然後加入30g牛油和荷蘭芹，增添風味並增加黏稠度。在4保溫的肉切成一口大小，洋梨、菇類和胡蘿蔔一起裝盤，淋上醬汁。

# 洋梨紅酒果盤核桃
# 薰衣草餡餅

**材料**（直徑24cm的餡餅模型1個的份量）

法式甜塔皮（▶p218）…250g

洋梨…4顆

紅酒…600ml

砂糖…150g

胡椒…10粒

**蛋液**

> 雞蛋…2個
> 鮮奶油…360ml
> 鹽…1撮

核桃…2大匙

薰衣草（乾燥）…1撮

**作法**

1 洋梨削皮把莖切掉，然後剖成兩半。紅酒、砂糖、胡椒倒入鍋中煮沸，酒精完全揮發後倒入洋梨，蓋上鍋中蓋煮5分鐘冷卻。

2 1放進冰箱靜置2天，顏色與香味沾上洋梨後把芯剜出，切成3mm厚的切片。

3 法式甜塔皮延展成2mm厚，鋪在餡餅模型裡，用160℃的烤箱乾烤。

4 將2漂亮地排在乾烤的餡餅上。以低溫烘烤，均勻地撒上粗略搗碎的核桃，倒上蛋液。

5 撒上薰衣草。用180℃的烤箱烤30～40分鐘。蛋液加熱後從烤箱取出，用噴槍烤成漂亮的顏色。以常溫提供。

### 058 栗子野生蘑菇酥皮濃湯

將酥皮沙沙地拆開，便冒出栗子和蘑菇的秋天氣息。
正因原本鎖在裡頭，解放的香氣十分濃郁。
若是能取得，加上松茸也不錯。代表日本秋天的香氣
與日本栗子的調和將更加出色。

## 059 紅酒燉鹿小腿肉配栗子芹菜

因為是在日本山野中奔跑的鹿，
最好搭配同樣風土所孕育的日本栗子。
但是，乾爽的日本栗子很難直接在紅酒醬裡燉煮。
因此，要使用事先用糖水煮過的栗子。

烤山鳩配栗子泥

喜歡野味的人難以抗拒山鳩的血腥味。
用糖水煮的栗子搭配內臟類打成泥在盤子上鋪滿，
烤山鳩與菇類裝盤後，便是一道能享受秋季山林恩澤的料理。

### 061 瑪儂派鹽味牛油焦糖醬
### 配香草冰淇淋

在我們餐廳也是數一數二人氣甜點。
用糖水煮成的豐富味覺鎖在香味撲鼻的派皮中，
淋上誘人、黏稠的鹽味牛油焦糖醬，
就算不是喜愛栗子的女孩也會被俘虜。

# 栗子

山毛櫸科栗子屬

原產地│歐洲、中國、
　　　日本、美洲

時　期│9～10月

雖然分布於全球，不過最近號稱世界最大顆，口感鬆軟的日本栗引起風潮。除了蒸、煮等加熱方式，用糖水煮過再運用於料理或製作糕點的改編方式也很不錯。在法國分成外殼裡只有一粒的西洋栗，和有好幾粒的板栗。兩者都比日本栗紋理細緻，適合打成泥等加工方式。

---

**058**

## 栗子野生蘑菇酥皮濃湯

**材料**（4人份）

糖水煮栗子（▶p219）…4顆
雞油菌菇…100g
平菇…100g
黑喇叭菇…100g
洋蔥（切成5mm丁塊）…1顆
胡蘿蔔（切成5mm丁塊）…1根
芹菜（切成5mm丁塊）…1根
大蒜（切末）…1/2小匙
西洋栗子泥（▶p222）…2大匙
法式牛清湯（▶p216）…600ml
苦艾酒（▶p222）…40ml

雪莉酒…40ml
牛油…20g
千層派皮（▶p218）
　…2mm厚，直徑12cm、4片
蛋黃…適量

**作法**

1　鍋子加熱融解牛油，炒洋蔥、胡蘿蔔、芹菜。加入大蒜，倒入切成一口大小的菇類，炒到散發香味。

2　在1倒入西洋栗子泥、法式牛清湯和切成一半的糖水煮栗子燉煮10分鐘。

3　在獅頭碗碗口周圍塗上蛋黃，各倒入10ml雪莉酒和苦艾酒，倒入2的栗子湯，蓋上千層派皮。

4　充分黏合後在派皮表面塗上蛋黃，用200℃的烤箱烤15分鐘。

---

**059**

## 紅酒燉鹿小腿肉
配栗子芹菜

**材料**（10人份）

鹿小腿肉…2.5kg
洋蔥（切成3cm丁塊）…2顆
胡蘿蔔（切成3cm丁塊）…2根
芹菜…2株
大蒜…1顆
番茄糊…2大匙
紅酒…3ℓ
小牛高湯（▶p216）…2ℓ
杜松果…20粒
黑胡椒…20粒
糖水煮栗子（▶p219）…15顆
牛油…80g
鹽…適量
沙拉油…適量

**作法**

1　芹菜從根部10cm處切掉，清洗乾淨。莖的上層中2根的部分切成3cm長。

2　鹿肉切成7cm丁塊撒鹽，多倒些沙拉油在鍋中加熱，整面煎成漂亮的顏色便先起鍋。

3　少許沙拉油倒入2的鍋中，倒入洋蔥、胡蘿蔔、芹菜莖、橫向切成一半的大蒜，別炒到焦掉。加入番茄糊炒一下，再加入紅酒、小牛高湯、杜松果和黑胡椒。

4　煎好的鹿肉倒回3的鍋中，煮沸，將浮沫和油脂撈掉，燉煮2～3小時，直到鐵籤能輕鬆刺入。變軟的鹿肉起鍋，湯汁用漏勺過濾到另一個鍋子。

5　過濾的湯汁撈掉浮沫煮乾，芹菜株直向分成10等分加入一起燉煮。湯汁煮乾芹菜也變軟時將鹿肉倒回去。加入切成兩半的糖水煮栗子稍微燉煮，最後加入牛油增添風味。醬汁、鹿肉、芹菜與栗子裝盤。

**060**

# 烤山鳩
# 配栗子泥

材料（2人份）

山鳩…1 隻

小洋蔥（切末）…1 大匙

大蒜（切末）…1 小匙

糖水煮栗子（▶p219）…6 顆

雞油菌菇…8 朵

珠芽…8 株

紅酒…250 ml

小牛高湯（▶p216）…200 ml

鮮奶油…50 ml

牛油…適量

鹽、胡椒…各少量

作法

1 山鳩拔掉羽毛，用噴槍燒掉細毛。切掉脖子，取出鎖骨、胃。頭留著。內臟也抽出，心、肝、胗清乾淨留著。

2 處理過的山鳩撒鹽，少許牛油倒入平底鍋加熱煎山鳩。皮稍微變色後先起鍋，放在溫暖處靜置 5 分鐘後，和保留的頭一起用 250℃的烤箱烤 5 分鐘。靜置後，在肉有點生的狀態下切成胸肉和腿肉，先保溫。頭直向切成一半。

3 剩下的殘渣、脖子和鎖骨用料理剪刀剪碎，倒入空出的 2 的平底鍋翻炒。炒成漂亮的顏色後先起鍋除去油分。加入小洋蔥和大蒜繼續炒，倒回取出的骨頭，加入紅酒和小牛高湯煮到剩下一半，用網眼細的漏勺過濾。

4 在 3 過濾的湯汁、糖水煮栗子 3 顆、心、肝、胗、鮮奶油倒入攪拌機，攪拌到變得滑順。倒回鍋中，用小火煮到變濃。

5 剩下的糖水煮栗子切成一半，和雞油菌菇、煮過的珠芽一起倒入另一只鍋子，用少許牛油翻炒，然後用鹽、胡椒調味。

6 4 的濃郁醬汁鋪在盤子上，切開的山鳩胸肉、腿肉、切成兩半的頭、5 一起裝盤。

---

**061**

# 瑪嚨派鹽味牛油焦糖醬
# 配香草冰淇淋

材料（4人份）

糖水煮栗子（▶p219）…4 顆

杏仁奶油（▶p218）…200 g

西洋栗子糊（▶p222）…100 g

千層派皮（▶p218）…9 cm×9 cm、4 片

香草冰淇淋（▶p219）…適量

醬汁

　　砂糖…100 g

　　有鹽牛油…80 g

　　鮮奶油…250 ml

作法

1 杏仁奶油和拌開的西洋栗子糊倒入調理碗中攪拌到變得滑順。加入切成 1cm 丁塊的糖水煮栗子攪拌均勻。

2 千層派皮 1 片鋪在 6cm 的蛋糕模型裡面，擠入 1 的 1/4 份量，摺出四個角，接縫閉起來。用 200℃的烤箱烤 16 分鐘。

3 製作醬汁。砂糖倒入鍋中煮成焦糖狀，加入有鹽牛油把火關掉。牛油融解完後加入鮮奶油，再次加熱，煮到沸騰。

4 少許醬汁倒在容器中，放上瑪嚨派，趁著派還熱時放上香草冰淇淋，再從上面淋上醬汁。

## 062 大麥石榴烤番茄烤檸檬菲達起司沙拉

我小時候都會爬到樹上摘來吃，這是充滿鄉愁的水果。
所以對於使用石榴我有些自信。
把顆粒當成雜糧，搭配大麥便是中近東的塔布雷風。
烤檸檬和烤番茄的焦痕呈現出好滋味。

063 麥年帶骨比目魚夾月桂葉
石榴焦牛油醬

切到比目魚中骨附近夾住月桂，以麥年的手法烹調。
具有清涼感與甜味的獨特香氣，
和加熱後更加甘甜的石榴醬非常搭配，
烘托出肉厚的比目魚肉。

## 064 石榴燉羔羊肉

羔羊肩肉和蔬菜慢慢燉煮的料理，在法文就叫做 Navarin。
把羊肉當成平日糧食的地中海沿岸居民也常吃石榴，
於是我試著加進 Navarin（燉羊肉）。
燉煮後從石榴散發的溫和甜味更添深度，種子也變軟，變得易於入口。

顏色漂亮的紅石榴糖漿和小牛高湯煮成的醬汁。
春雞瞬間燻製後，用烤箱烤到軟嫩適中。
完美的照燒醬，和酸酸甜甜的石榴醬彼此交融。

# 石榴

千屈菜科石榴屬

原產地｜伊朗

時　期｜9～11月

地中海沿岸是主要產地。包含種子周圍的果凍狀部分，是食用紅色果粒。雖是在平安時代傳來，但目前日本國產石榴非常少。日本國產石榴成熟後會出現裂縫，能用手取出紅色果粒。可是，進口石榴（主要為美國、伊朗出產）不會破裂，所以要切掉上方取出種子。日本國產石榴的味道酸味強烈，進口石榴則較有甜味。

---

062

## 大麥石榴烤番茄
## 烤檸檬菲達起司沙拉

**材料**（3 人份）

石榴…1 顆

檸檬…1 顆

小番茄…15 顆

紅洋蔥（切成 2 cm 的丁塊）…1 顆

大麥…200 g

菲達起司（用手撕碎）…80 g

荷蘭芹（切末）…1 大匙

大蒜（切末）…1/2 小匙

橄欖油…3 大匙

雪莉醋…2 大匙

鹽…適量

**作法**

1 檸檬切成 2mm 厚的半月塊。取出石榴的種子。

2 檸檬和小番茄直接烘烤到燒焦。大麥用加了少許鹽巴的水煮 8 分鐘直到變軟。

3 1、2 和剩下的材料全倒入調理碗中，直接攪拌別把番茄攪散。

---

063

## 麥年帶骨比目魚夾月桂葉
## 石榴焦牛油醬

**材料**（1 人份）

比目魚…200 g

馬鈴薯…1 顆

月桂…1 片

麵粉…適量

牛油…50 g

沙拉油…50 ml

鹽、胡椒…各適量

醬汁

　牛油…20 g

　大蒜（切末）…1 小匙

　荷蘭芹（切末）…1 小匙

　續隨子（切末）…1 小匙

　檸檬汁…2 大匙

　石榴（取出種子）…1 大匙

　小牛高湯（▶p216）…1 大匙

**作法**

1 馬鈴薯削皮切成半月形，煮到變軟。

2 帶骨比目魚切掉鰭邊肉，背側切成 7cm 寬的 1 人份。沿著中骨劃一道能插入一片月桂葉的切痕，夾住月桂葉。撒上鹽、胡椒再撒麵粉，牛油 50g 和沙拉油加熱做成麥年。1 的馬鈴薯也一起油煎。牛油維持會冒泡的低溫，慢慢地煎，別煎到燒焦。

3 比目魚的皮煎熟後從平底鍋起鍋，移到派盤上，馬鈴薯也排在間際。用 200℃的烤箱烤 5 分鐘。放在溫暖處靜置。

4 製作醬汁。在 2 的平底鍋加入牛油 20g 煮到變褐色，倒入大蒜、荷蘭芹、續隨子、檸檬汁、石榴的種子、小牛高湯煮到乳化。3 的比目魚和馬鈴薯裝盤，淋上醬汁。

**064**  ## 石榴燉羔羊肉

**材料**（8 人份）

羔羊肩肉（5cm 的丁塊）…2 kg

香味野菜

　洋蔥（切成 2cm 丁塊）…1 顆
　胡蘿蔔（切成 2cm 丁塊）…1 根
　芹菜（切成 2cm 丁塊）…1 株
　大蒜（切成大塊）…2 顆

番茄糊…1 大匙

白酒…300 ml

水…適量

石榴（取出種子）…3 顆

荷蘭芹（切末）…1 小匙

沙拉油…適量

牛油…80 g

鹽、胡椒…各適量

香菜…適量

**作法**

1　羔羊多撒一點鹽，少許沙拉油倒入鍋中加熱，整面煎得很漂亮時先起鍋。

2　在 1 的鍋中加少許沙拉油，加入香味蔬菜翻炒。稍微變色後加入番茄糊炒一下，倒入 1 並且把白酒和水加到淹過食材，用大火加熱，沸騰後撈掉浮沫把火轉小，燉煮一個半小時。

3　肉起鍋，湯汁過濾煮到剩一半。把肉倒回去，加入石榴，稍微燉煮後，用牛油增添風味，加入鹽、胡椒、荷蘭芹調味。裝盤，最後放上香菜葉。

---

**065**  ## 石榴醬煙燻雞肉

**材料**（2 人份）

全雞（烤雞用）…1 隻（500～600 g）

醬汁

　小洋蔥（切末）…1 小匙
　紅酒醋…30 ml
　木犀草（▶p222）…10 粒
　紅石榴糖漿（▶p222）…40 ml
　小牛高湯（▶p216）…150 ml
　石榴（取出種子）…1 顆
　牛油…30 g
　鹽…適量

沙拉菜（切絲）、芹菜（切片）…各適量

油醋醬（▶p216）…適量

鹽、胡椒…各適量

**作法**

1　整隻雞帶骨切成兩半，擦去水分，鹽、胡椒撒多一點，放進冰箱冰一整晚。

2　擦去 1 的水分，瞬間燻製（▶p218）。直接放到鐵網上用 200℃的烤箱加熱 2 分鐘。

3　製作醬汁。小洋蔥、紅酒醋、木犀草倒入小鍋煮到水分幾乎收乾。倒入紅石榴糖漿和小牛高湯煮到剩一半。加入石榴種子用牛油增添風味，再用鹽調味。

4　沙拉菜和芹菜用油醋醬拌過裝盤，放上 2 的煙燻雞肉，淋上醬汁。

▶**062**

石榴種子與材料全倒入調理碗中。

066 鴨肉燻製火腿油封肥肝
　　無花果沙拉　薑餅風味

日本無花果水嫩的果肉適合生吃，
真想做成沙拉細細品嚐。
撒上有香料的薑餅粉，
再用和香料非常搭配的黑糖巴薩米克醬調和味道。

### 067 秋田無花果燉和牛小腿肉
### 班努斯甜紅酒風味

秋田無花果在日本國產無花果之中
紋理細緻煮過也不會散掉，而果肉卻又有點硬。
我想著邊吃無花果乾，邊喝班努斯甜紅酒的搭配方式，
於是便和愈煮愈鮮美的小腿肉一起燉煮。

## 068 無花果莫札瑞拉起司
## 卡布里沙拉　配葡萄酒醋

容易顯得單調的卡布里沙拉，
加上沒有酸味、肉感十足的無花果來強調，
便一舉成為大人的卡布里沙拉。
這是當成料理來吃的無花果，最有效的運用方式。

069 芝麻杏仁奶油
無花果小餡餅與
蘭姆酒葡萄乾冰淇淋

烤好時無花果和芝麻與杏仁奶油一起稀溜溜地融出，
幸福滿滿地在口中擴散。
無花果和芝麻的組合，
來自於夏季餐館的人氣料理「芝麻味噌無花果」。
我借用了先人的智慧。

# 無花果

桑科無花果屬

原產地│阿拉伯半島、
　　　　地中海沿岸
時　期│8～10月

在亞當與夏娃的神話中為人所知，世界最古老的水果。在江戶時代傳到日本。日本國產無花果和原產地附近的歐洲無花果完全不同，特色是滑順的果肉和高級的甜味，品種是陶芬無花果。和起司及肉類也很搭，容易在料理上改編。果肉硬的秋田白無花果（白熱那亞無花果）很適合燉煮。

---

066

## 鴨肉燻製火腿油封肥肝
## 無花果沙拉　薑餅風味

材料（4人份）

鴨胸肉（magret）…1塊
油封肥肝（▶p217）…200g
陶芬無花果…4顆
巴薩米克醋…2大匙
黑糖…少量＋1大匙
橄欖油…3大匙
鹽、胡椒…各適量
薑餅粉*…1大匙
沙拉生菜…適量

作法

1 製作鴨肉燻製火腿。在鴨皮劃上格子狀切痕，多撒些鹽、胡椒，抹上少許黑糖醃漬一整晚。

2 平底鍋加熱，將1從帶皮側放入，去除油脂後翻面，整體煎成玫瑰色。然後瞬間燻製（▶p218），先冷卻。

3 無花果削皮，切成4等分的月牙形。分別準備油封肥肝1人份、25g的切片2片。2的鴨肉切成3mm厚。

4 巴薩米克醋、黑糖1大匙、鹽、胡椒、橄欖油倒入小鍋加熱，持續攪拌到黑糖溶解，溶解後立刻冷卻。

5 無花果和肥肝裝盤，放上鴨肉燻製火腿，淋上4的醬汁。撒上薑餅粉，用沙拉生菜點綴。

\* 薑餅（▶p219）用食物處理機粉碎後。

---

067

## 秋田無花果燉和牛小腿肉
## 班努斯甜紅酒風味

材料（10人份）

和牛小腿肉…3kg

香味野菜
　洋蔥（切成大塊）…2顆
　胡蘿蔔（切成大塊）…2根
　芹菜（切成大塊）…3根
　大蒜（橫向切半）…2顆
秋田無花果（白熱那亞無花果）…20顆
番茄糊…2大匙
班努斯甜紅酒（▶p222）…750ml
紅酒（深色不甜）…2ℓ
小牛高湯（▶p216）…3ℓ
牛油…100g
伏見辣椒…30本
鹽、胡椒…各適量
沙拉油…適量

作法

1 牛小腿肉切成約300g的肉塊，撒上鹽巴。沙拉油倒進鍋中加熱，將肉煎成漂亮的顏色，然後起鍋。

2 香味蔬菜倒入1的鍋中，用少許沙拉油炒到稍微變色。

3 在2加入番茄糊翻炒，加入一半的班努斯甜紅酒、紅酒、小牛高湯，把肉倒回去，煮到沸騰。撈掉浮沫和油脂，燉煮4小時。鐵籤能輕鬆刺入便OK。

4 肉起鍋，湯汁用漏勺過濾，沸騰後撈掉浮沫和油脂，加入切成兩半的無花果，煮到湯汁剩一半。

5 4的無花果變軟後，倒入剩下的班努斯甜紅酒，並倒回切成一半的肉，燉煮10分鐘。用鹽、胡椒調味，最後加入牛油增添風味。

6 肉和無花果與醬汁一起裝盤，用不抹油的平底鍋炒伏見辣椒，然後用來裝飾。

**068**

## 無花果莫札瑞拉起司卡布里沙拉
## 配葡萄酒醋

**材料**（2 人份）

陶芬無花果…4 顆

莫札瑞拉起司…1 塊（約 80g）

水果番茄（切成月牙形）…4 顆

續隨子…1 小匙

葡萄酒醋（▶p222）…適量

橄欖油…適量

羅勒…8 片

**作法**

1　無花果削皮切成 4 等分的月牙形。
　　莫札瑞拉起司用手撕成一口大小。

2　無花果、番茄、莫札瑞拉起司放到
　　盤子上，撒上續隨子，淋上葡萄酒
　　醋、橄欖油，再撒上羅勒。

---

**069**

## 芝麻杏仁奶油
## 無花果小餡餅與蘭姆酒葡萄乾冰淇淋

**材料**（4 人份）

千層派皮（▶p218）
　　…2mm 厚、直徑 8cm、4 片

杏仁奶油（▶p218）…200g

白芝麻醬…50g

陶芬無花果…4 顆

糖粉…適量

蘭姆酒葡萄乾冰淇淋（▶p219）
　　…1/2 杯

**作法**

1　千層派皮 1 片鋪在 6cm 的蛋糕模
　　型裡。

2　白芝麻醬加入杏仁奶油中充分攪
　　拌，然後分成一半。

3　2 的一半奶油平均擠在 1 的千層派
　　皮中。剩下的奶油從無花果的末端
　　部分擠入，放到千層派皮上。

4　撒上滿滿的糖粉，用 200℃的烤箱
　　烤 20 分鐘，烤好時再撒上糖粉。
　　裝盤，配上蘭姆酒葡萄乾冰淇淋。

油封肥肝夾柿乾
　　　黑松露風味

具有熟成感的深厚甜味，
和肥肝這種黏糊濃郁的滋味完美搭配。
再加上松露的風味，便是秋天一道奢華的料理。

## 071 杏仁煎鯛魚佐柿子醬

柿子的甜味溫和,沒有酸味是一大特色。
我覺得和杏仁非常搭配。
所以,我在醬汁裡加上杏仁利口酒、
杏仁香甜酒,讓整體更協調。

### 072 炸鯖魚柿子蘿蔔沙拉

南法的人們也常吃鯖魚。為了鎖住魚腥味，
通常採用油炸方式。而它和具有酸味的清爽醬汁十分搭配。
色彩繽紛的切丁蘿蔔和柿子一起用油醋醬拌過再滿滿地淋上。
很想以沙拉的感覺享用的一道料理。

### 073 柿子白巧克力杯子蛋糕
### 抹茶奶油

柿子用於燒菓子或許十分罕見。
不過柿子的特質之一是加熱也不易散掉，利用這一點，
將切丁的柿子摻入麵團中做成杯子蛋糕。
再加上抹茶奶油搭配柿子的日式甜味。

# 柿子

柿樹科柿樹屬

原產地｜東亞

時　期｜10～11月

從奈良時代便開始栽種，日本最古老的水果。現在甜柿的代表品種富有柿是岐阜縣原產。成熟後會逐漸變軟，甜度也會增加。不過果肉本身很紮實，所以除了直接吃，也比較耐得了加熱調理。此外澀柿子做成的柿乾，是日本自豪的果乾，和起司或肥肝也很搭。

---

070

## 油封肥肝夾柿乾
## 黑松露風味

**材料（8人份）**

油封肥肝（▶p217）…約500g

柿乾…4個

杏仁香甜酒（▶p222）…適量

黑松露…適量

**作法**

1　油封肥肝一般用波特酒的部分，改用杏仁香甜酒製作（▶p217）。

2　柿乾撒滿杏仁香甜酒，放進冰箱冰一個晚上。

3　從真空包取出肥肝，去除多餘的油脂，橫向切成一半。中間夾著 2 的柿乾，再放進真空包，讓它緊貼，然後放進冰箱10分鐘。

4　切成2cm厚，裝盤，黑松露削片撒上。

---

071

## 杏仁煎鯛魚
## 佐柿子醬

**材料（1人份）**

鯛魚…200g

杏仁片…1大匙

咖哩粉…1撮

木犀草（▶p222）…1撮

麵粉…適量

蛋白…適量

牛油…30g

橄欖油…30ml

柿子（削皮切成1cm丁塊）…2大匙

大蒜（切末）…1/2小匙

杏仁香甜酒…1大匙

檸檬汁…1小匙

續隨子…1小匙

小牛高湯（▶p216）…2大匙

鹽、胡椒…各適量

麵包丁（▶p218）…1小匙

**作法**

1　杏仁片加上咖哩粉和木犀草一起攪拌。

2　鯛魚去皮撒上鹽、胡椒，帶皮側撒上麵粉，塗上蛋白，杏仁片貼在上面。

3　牛油和橄欖油倒入平底鍋加熱，2 的帶皮側朝下放入。用小火煎別讓杏仁片燒焦，翻面將魚肉那一側加熱到八分熟。魚煎好後先起鍋，放在溫暖處靜置。

4　製作醬汁。煎魚的油加入大蒜散發香味，再加入柿子沾上香味。加入杏仁香甜酒、檸檬汁、續隨子、小牛高湯，用鹽、胡椒調味。3 裝盤，淋上醬汁，撒上麵包丁。

## 072　炸鯖魚柿子蘿蔔沙拉

**材料**（4人份）

鯖魚…1條

蘿蔔（紅心蘿蔔、青蘿蔔或綠皮蘿蔔等）
　　…共200g

柿子…2顆

番茄丁（▶p218）…1顆

雪莉醋…1大匙

橄欖油…3大匙

鹽、胡椒…各適量

麵粉…適量

炸油…適量

甜椒粉…適量

水芹…適量

**作法**

1　鯖魚切成3片，再切成一口大小。撒上鹽、胡椒，沾上少許麵粉，用200℃的油油炸。

2　柿子削皮切成1cm丁塊。蘿蔔類也削皮切成1cm丁塊，用鹽水煮到尚有一點咬勁。

3　柿子、蘿蔔、番茄、雪莉醋、橄欖油倒入調理碗攪拌，用鹽、胡椒調味。

4　**3**裝盤，放上油炸鯖魚，撒上甜椒粉，配上水芹。

## 073　柿子白巧克力杯子蛋糕　抹茶奶油

**材料**（直徑6cm，高5cm的杯子6個份）

牛油（恢復常溫）…90g

砂糖…110g

雞蛋…2顆

低筋麵粉…120g

發粉…5g

柿子…1顆

白巧克力（粗略剁碎）…60g

抹茶奶油

　鮮奶油…80g
　砂糖…10g
　抹茶…1小匙

**作法**

1　柿子削皮切成1cm丁塊。

2　牛油打成髮油狀，加入砂糖充分攪拌。加入攪好的蛋，再繼續攪拌。

3　低筋麵粉和發粉加在一起過篩，直接加入**2**攪拌。

4　將**3**擠入杯子，柿子和白巧克力平均放進裡面，用180℃的烤箱烤30分鐘。

5　砂糖加進鮮奶油打到八分發，用少量熱水加入溶解的抹茶攪拌，將抹茶奶油塗在杯子蛋糕上。

▶ **071**

在煎魚的鍋子加入柿子製作醬汁。

▶ **072**

切丁的柿子、蘿蔔、番茄拌在一起。

## 074 山鳩烤蘋果肥肝陶罐派

口味有層次的陶罐派中加入酸酸甜甜的
烤蘋果，瞬間變得更順口，口味令人百吃不膩。
酸味強烈的紅玉蘋果適合煮熟。
配菜配上生吃用的紅蘋果青蘋果沙拉，更添季節感。

## 075 芹菜根蘋果雷莫拉醬

蘋果和具有清涼感的芹菜根是最佳組合。
美乃滋加上芥末和黑芝麻的
雷莫拉醬,加上它便成了完美絕配。
黑芝麻的顆粒感在口中迸開也很有意思。

## 076 鹿肉生火腿蘋果核桃
## 　　牛肝菌菇沙拉

脂肪含量較少，鹿肉瘦肉的肉質是一大魅力。
做成生火腿時的感官的滋味，和蘋果非常搭配。
芬芳的生牛肝菌菇也切成薄薄的切片配上，
便能同時享受香氣與口感。

# 蘋果

薔薇科蘋果屬

原產地│中亞

時　期│10～12月

從4000年前便開始栽種，長久支撐人類歷史的果實。品種有很多，也不斷改良。加熱的蘋果作為酒的原料也和生吃同樣具有魅力，不僅點心，在料理上也充分運用。不過，日本適合加熱調理的蘋果，只有酸味顯著的「紅玉蘋果」。蘋果產量最多的是「富士蘋果」。

---

**074**

## 山鳩烤蘋果肥肝陶罐派

**材料**（28cm的陶罐模型2個（約2kg　20人份））

陶罐肉餡
　山鳩…6隻
　鹿腿肉…300g
　雞肝…500g
　豬背脂肪…300g
　肥肝…200g
　紅玉蘋果…2顆
　牛油…少量
　雞蛋…2個
　小洋蔥（切末）…1大匙
　大蒜（切末）…1小匙
　紅酒…30ml
　卡巴度斯蘋果酒（▶p222）…30ml
　鹽…24g
　黑胡椒…6g

內臟脂肪…適量
蘋果（王林、富士等）…適量
鹽、胡椒、檸檬汁、沙拉生菜…各適量

**作法**

1　紅玉蘋果帶皮切成3cm丁塊，用牛油炒到變成褐色，放進冰箱充分冷卻。

2　拔掉山鳩的羽毛，用噴槍燒掉細毛，切掉脖子，取出鎖骨和胃。切開分成胸肉、腿肉和內臟、殘渣類。內臟只留下心、肝和胗，剩餘的丟掉。鳩胸肉、鳩腿肉切成2cm丁塊。殘渣拿去熬高湯等。

3　鹿肉、鳩的內臟、雞肝、豬背脂肪切成大塊用絞肉機絞碎。

4　3移到調理碗中，倒入2的鳩胸肉、鳩腿肉、切成2cm丁塊的肥肝、1，再加入蛋、小洋蔥、大蒜、紅酒、卡巴度斯蘋果酒、鹽、胡椒，充分搓揉到有黏性。

5　在陶罐型鋪上內臟脂肪，甩4的肉餡，一邊消除空氣一邊搓揉。

6　將5用200℃的烤箱隔水加熱烤1小時，放進冰箱靜置一個晚上。

7　配菜的蘋果帶皮切成5mm的條子，用檸檬汁、鹽、胡椒拌一下。切成1cm厚的陶罐派裝盤，配上蘋果，用沙拉生菜裝飾。

---

**075**

## 芹菜根蘋果雷莫拉醬

**材料**（4人份）
芹菜根…200g
蘋果（富士、約拿金等）…2顆
美乃滋（▶p216）…3大匙

芥末…1大匙
黑芝麻…1小匙
荷蘭芹（切末）…1小匙
鹽、胡椒…各適量

**作法**

1　芹菜根切成2mm的長條。撒上少許鹽巴稍微揉搓，讓它變軟。

2　蘋果帶皮切成3mm的長條。

3　1、2、美乃滋、芥末、黑芝麻、荷蘭芹、鹽、胡椒倒入調理碗中攪拌均勻，然後裝盤。

---

**076**

## 鹿肉生火腿蘋果核桃牛肝菌菇沙拉

**材料**（2人份）
鹿腿肉生火腿（▶p217）…100g
富士蘋果…1/2顆
牛肝菌菇茸…1朵
核桃…1大匙

胡椒…適量
橄欖油…適量
茴香…適量

**作法**

1　蘋果切成3mm的長條。牛肝菌菇切成2mm厚。核桃稍微烤過後冷卻，再粗略敲碎。

2　鹿腿肉生火腿用切片機切成薄片，排在盤子上別重疊，放上牛肝菌菇，撒上蘋果和核桃，灑些橄欖油，磨碎胡椒並撒在上面，配上茴香。

# 077 反烤蘋果塔油封肥肝
卡巴度斯蘋果酒醬

蘋果的甜點名品反烤蘋果塔和
肥肝的組合，任何人都陶醉於這完美的搭配。
切丁的蘋果用卡巴度斯蘋果酒煮一下的醬汁，
那爽口的感受更是重點。

## 078 蘋果馬鈴薯白酒燉羔羊肉鍋

白酒燉肉鍋（Baeckeoffe）是亞爾薩斯地方的鄉土料理。
意思是麵包店的烤爐。
將牛、豬、羔羊這 3 種肉和蔬菜放入蒸鍋，以前是帶進麵包店，
用麵包麵團塞住鍋子與蓋子的間隙，利用窯的餘熱加熱。
這裡只使用羔羊，本來是用麗絲玲白葡萄酒，
但是加入亞爾薩斯常取得的蘋果，用蘋果酒來煮。

### 079 康城風燉牛肚配蘋果

燉牛肚（牛的第 2 個胃網胃）是法國人的最愛。
倒入蘋果酒和卡巴度斯蘋果酒燉煮，是諾曼第地方康城的規矩。
所以也加上它的原料蘋果來完成。絕對不會搭不起來。

**077**

## 反烤蘋果塔油封肥肝
## 卡巴度斯蘋果酒醬

**材料**（8 人份）
油封肥肝（▶p217）…500 g
紅玉蘋果…4 顆
牛油…200 g
砂糖…200 g
千層派皮（▶p218）
　…2 mm 厚、15 cm×15 cm、2 片
**醬汁**
　紅玉蘋果（切成 3 mm 丁塊）…1 顆
　卡巴度斯蘋果酒（▶p222）…50 ml
　鹽、胡椒…各適量

**作法**
1 蘋果削皮切成兩半，去除果核。使用夠大不會讓蘋果重疊的鍋子，倒入牛油與砂糖加熱，煮成焦糖。煮到變色後排上蘋果，用 200℃ 的烤箱烤 40 分鐘。中途數次打開烤箱，將融化的牛油淋在蘋果上。取出烤好的蘋果，放進冰箱冷卻。湯汁用漏勺過濾保留。
2 千層派皮用 200℃ 的烤箱稍微融化烤 25 分鐘。烤好冷卻放進 6cm 的蛋糕模型後抽出。油封肥肝也放進 6cm 的蛋糕模型後抽出。

3 蛋糕模型放在盤子上，鋪上 2 的千層派皮，疊上油封肥肝，放上冷卻的蘋果。
4 製作醬汁。在 1 保留的蘋果湯汁加入切丁的紅玉蘋果和卡巴度斯蘋果酒加熱，煮沸後去除油脂。用鹽、胡椒調味，從 3 的上面淋上醬汁。

---

**078**

## 蘋果馬鈴薯白酒燉羔羊肉鍋

**材料**（24 cm 的蒸鍋 1 個份）
羔羊肩肉…1.5 kg
洋蔥（切成 2 cm 寬的大塊）…1 顆
芹菜（切成 2 cm 寬的大塊）…2 根
大蒜（稍微壓碎）…3 片
胡蘿蔔（切成 2 cm 寬的圓片）…1 根
馬鈴薯（切滾刀塊）…3 顆
蘋果…2 顆
蘋果酒（▶p222）…500 ml
雞湯（▶p216）…1ℓ

迷迭香…3 根
月桂…3 片
生麵團*…適量
沙拉油…少量
鹽、胡椒…各適量

**作法**
1 羔羊肩肉切成 5cm 丁塊，整面多撒些鹽、胡椒，靜置一整晚。
2 沙拉油倒入蒸鍋加熱，倒入洋蔥、芹菜、大蒜炒一下。

3 變軟後將 1 排好放入，放上胡蘿蔔、馬鈴薯、帶皮切成 2cm 寬月牙形的蘋果，倒入蘋果酒和雞湯。
4 迷迭香和月桂放在上面，撒上鹽、胡椒蓋上鍋蓋，鍋蓋周圍用麵團密封，用 200℃ 的烤箱烤 2 小時。
* 麵包麵團也可用水和麵粉搓揉成的麵團代替。

---

**079**

## 康城風燉牛肚配蘋果

**材料**（20 人份）
牛網胃…2 kg
豬腳…5 隻
紅玉蘋果…3 顆
馬鈴薯…5 個
洋蔥（與纖維成直角切片）…2 顆
大蒜（切末）…1 大匙
芹菜（切片）…2 根
牛油…40 g
小洋蔥…20 顆
蘋果酒（▶p222）…1ℓ
卡巴度斯蘋果酒（▶p222）…500 ml

雞湯（▶p216）…1ℓ
艾斯佩雷產辣椒粉（▶p222）…適量
鹽、胡椒…各適量

**作法**
1 牛網胃清掉髒汙，用滿滿的熱水煮開後，水全部倒掉，重複 2 次，然後切成一口大小。
2 蘋果削皮切成 2cm 丁塊。馬鈴薯切成 8 等分的月牙形，刮圓用鹽水煮。小洋蔥也煮到變軟。

3 牛油用鍋子加熱融解，倒入洋蔥、大蒜、芹菜炒一下。加入 1 與 2 的蘋果，倒入蘋果酒、卡巴度斯蘋果酒、雞湯。最後放上豬腳蓋上鍋蓋，用 180℃ 的烤箱燉煮 6～8 小時。中途水分減少時就適時地加水。
4 加入 2 的馬鈴薯和小洋蔥，煮到溫熱，用鹽、胡椒調味。依個人喜好撒上艾斯佩雷產辣椒粉。

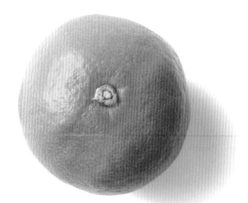
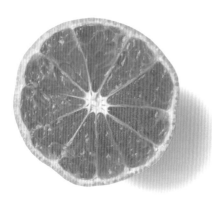

第4章

冬

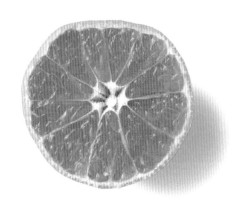

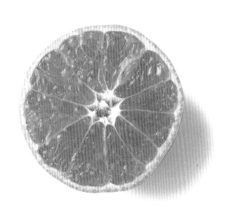

## 080 油封牡蠣柚子風味

原本是加上檸檬用油加熱的牡蠣料理。
使用柚子代替，能添加清爽的香氣。
無論是趁熱、直接冷卻或者在常溫下，
或是放進冰箱冷藏，都能嚐到各不相同的美味。

### 081 燉煮雞胸肉
## 奶油燉柚子芹菜

雞胸肉美味的關鍵在於火候。
多汁順口的肉質挑逗味蕾，
和洋溢高雅酸味和略微苦味的奶油一起享用，是難以取代的幸福感。
柚子的果汁比檸檬少，搭配奶油也不太需要擔心兩者會分離，是最大的優點。

# 082 螃蟹柚子西班牙大鍋飯

螃蟹和柑橘類非常搭配，
這從螃蟹鍋配上橙醋就能明白。
就像在海鮮大鍋飯擠上滿滿的檸檬汁，
敬請享用柚子果汁和皮都充分使用的螃蟹大鍋飯。

### 083 柚子果醬巧克力塔

柑橘類和巧克力很搭是明擺的事實,柚子當然也是。
它能作兩種用途,皮做成果醬,或是果汁摻入甘納許。
香氣、微苦味、甜味的對比十分完美,
我自認這是巧克力塔的最高傑作。

# 柚子

芸香科柑橘屬

原產地｜中國北西部

時　期｜青柚子 7～9 月
　　　　黃柚子 11～2 月

現在通稱 YUZU，它的香味受到全球喜愛，來自日本的柑橘類。有花柚子、綠柚子、黃柚子等，一整年皆可用於料理中。在日本料理以外開始受到重視，是這 20 幾年的事。柚子的果汁和果肉含量非常少，反而是果皮含有的香氣成分可在料理中活用到極限。與乳脂肪非常搭配也能增加調理的可能性。

---

080

## 油封牡蠣柚子風味

材料（6 人份）

牡蠣（肉）…18 顆
柚子…2 個
大蒜（切末）…1 小匙
魚露…1 大匙
橄欖油…150 ml

作法

1　柚子連皮切成 3mm 厚的半月形。

2　材料全倒入鍋中轉到小火，沸騰後煮 3 分鐘再關火，利用餘熱加熱。

---

081

## 燉煮雞胸肉
## 奶油燉柚子芹菜

材料（4 人份）

雞胸肉…2 塊（1 塊 300～350 g）
芹菜…根部 1/2 株
柚子…2 顆
白酒…100 ml
雞湯（▶ p216）…200 ml
鮮奶油…80 ml
水溶玉米粉…適量
鹽、胡椒…各適量

作法

1　柚子橫向切成一半，取出果肉，榨成果汁。表皮切成 5mm 寬的絲。芹菜根直向切成 4 等分。

2　白酒、雞湯、1 的芹菜、柚子皮倒入鍋中煮沸，放入撒上鹽、胡椒的雞胸肉，用小火加熱 10 分鐘。

3　肉加熱後起鍋，先保溫。芹菜直接煮到湯汁剩下一半。再倒入鮮奶油，加入水溶玉米粉增加濃度，把火關掉。最後加上柚子果汁，用鹽、胡椒調味。如果柚子果汁不是最後才加就會分離，這點要注意。

4　直向切成一半的 3 的雞胸肉和芹菜裝盤，倒入醬汁，配上柚子皮。

# 082

# 螃蟹柚子西班牙大鍋飯

材料（6 人份）
柚子…2 顆
番茄丁（▶p218）…1 顆
螃蟹肉…300g
香味野菜
　洋蔥（切成 1cm 丁塊）…1 顆
　芹菜（切成 1cm 丁塊）…1 本分
　大蒜（切末）…1 小匙
米…2 合
白酒…100ml
雞湯（▶p216）…300ml
橄欖油…適量
番紅花…少量
鹽、胡椒…各適量
艾斯佩雷產辣椒粉（▶p222）…適量

作法
1　柚子榨成果汁，皮切成 1cm 寬。
2　橄欖油倒入鍋中，翻炒香味蔬菜。變軟後倒入螃蟹肉、柚子皮、番茄丁和米稍微拌炒。
3　倒入白酒和雞湯，加上番紅花、鹽、胡椒炊煮。最後灑上柚子果汁，再撒上艾斯佩雷產辣椒粉。

---

# 柚子果醬巧克力塔

材料（24cm 餡餅模具 1 個的份量）
法式甜塔皮（▶p218）…260g
糖皮（▶p222）…150g
鮮奶油…70ml
柚子果汁…70ml
柚子皮果醬*…5 顆的份量
糖粉…適量

作法
1　法式甜塔皮延展成 2mm 厚，鋪在餡餅型裡面，用180℃的烤箱乾烤。
2　鮮奶油倒入小鍋煮沸，加入糖皮融解。加入柚子果汁攪拌，倒在乾烤的塔皮上，放進冰箱冷卻。在餡完全凝固前將柚子皮果醬盛到上面，撒上糖粉。

*柚子皮果醬的作法
　柚子橫向切成一半，取出果肉。柚子皮放進水裡煮開後，水全部倒掉，重複 2 次，切成 7mm 寬。測量柚子的重量，和等量的砂糖一起倒入鍋中。水加到淹過煮 1 小時。除去水分稍微乾燥，撒滿砂糖。

### 084 布拉塔起司橘子卡布里沙拉

布拉塔起司是將鮮奶油包在裡面的莫札瑞拉起司。
橘子和卡布里沙拉的元素番茄組合,
更添甜味與酸味。
舉例來說,就像加上巴薩米克醋的意思。

## 085 橘子燉螃蟹義大利麵

切成大塊的梭子蟹，充分抽取出甲殼類的美味，
這是在湯汁中煮天使細麵的大膽食譜。
義大利麵直接吸取螃蟹的鮮味，口味實實在在地顯現層次。
橘子的作用是能輕鬆消除甲殼類的重口味。

## 086 橘子白醬嫩煎鮭魚

老實說這種美味讚到不行，我立刻也在店裡開始提供。
在白醬的酸味用上橘子，是法國料理中難以想像的組合，
可是試過之後效果驚人。
橘子直接吃，甜味會比酸味更強烈，
不過酸味在料理中的確能有效地發揮作用。

### 087 烤橘子法式火焰薄餅

這是把使用柳橙的古典甜點換成橘子。
由於比柳橙滋味更溫和，
烤橘子則能發出強烈的味道。
用君度橙酒點火燃燒也是一定要的。

# 橘子

芸香科柑橘屬

原產地｜印度、中國

時　期｜一般橘子 12～2 月
（早熟橘子 9 月起，溫室栽培 4 月起）

這裡所說的橘子是溫州橘子。是日本人最常吃的水果。歷史悠久到也曾在《日本書紀》中登場。特色是溫和的甜味與酸味，橘子皮曬乾可作為陳皮這種生藥使用，藥效也很豐富。而即使加熱也會保留香氣、甜味與酸味，比起生吃時滋味溫和的印象，用於料理更能發揮特性。

---

084

## 布拉塔起司橘子卡布里沙拉

**材料**（1 人份）

布拉塔起司…1 塊

小番茄…7 顆

橘子…1 顆

檸檬汁…1 小匙

橄欖油…1 大匙

鹽、胡椒…各適量

**作法**

1 小番茄的蒂去掉切成兩半，橘子剝皮切成一口大小。

2 1 倒入碗中，加上檸檬汁、橄欖油、鹽、胡椒拌一下。裝盤，放上布拉塔起司，再撒上鹽、胡椒。

---

085

## 橘子燉螃蟹義大利麵

**材料**（8 人份）

梭子蟹…1 kg

橘子…4 顆

香味野菜

洋蔥（切片）…1 顆
胡蘿蔔（切片）…1 根
芹菜（切片）…1 根
大蒜（切成大塊）…1 顆

橄欖油…少量

番茄糊…1 大匙

白酒…300 ml

水…適量

螃蟹肉（楚蟹、紅楚蟹、鱈場蟹等）…400 g

天使細麵…400 g

鮮奶油…80 ml

帕馬森起司…3 大匙

鹽、胡椒…各適量

**作法**

1 梭子蟹連殼切成大塊。橘子剝皮切成 3cm 丁塊。

2 製作螃蟹的醬汁。橄欖油倒入鍋中加熱，翻炒 1 的梭子蟹，加入香味蔬菜，再炒到散發香味。加入番茄糊和白酒，水倒到淹過，轉到大火，煮沸後撈掉浮沫燉煮 20 分鐘，用漏勺像擠扁般過濾。

3 在過濾的湯汁直接加入天使細麵、螃蟹肉、1 的橘子燉煮。水分減少後適時加水將義大利麵煮到變軟。最後加上鮮奶油和帕馬森起司，用鹽、胡椒調味。裝盤，磨碎胡椒並撒在上面。

# 086

# 橘子白醬嫩煎鮭魚

材料（2人份）
鮭魚（魚片）…200g×2片
小洋蔥（切末）…1大匙
白酒…100ml
白酒醋…50ml
橘子果汁…1顆
牛油…60g＋適量
蒔蘿（切末）…適量
鹽、胡椒…各適量
麵粉…適量

作法

1 小洋蔥、白酒、白酒醋倒入鍋中加熱，煮到水分幾乎收乾。完全煮乾後加入橘子果汁，再煮到剩一半。用60g牛油增添風味，然後用網眼細的漏勺過濾。加入蒔蘿，用鹽、胡椒調味便完成。

2 鮭魚撒上鹽、胡椒，抹上麵粉拍打，用少許牛油嫩煎。鮭魚裝盤，淋上1的醬汁。

---

# 烤橘子法式火焰薄餅

材料（4人份）
薄餅皮（▶p219）…8片
橘子…4個
香草冰淇淋（▶p219）…適量
橘子果汁…300ml（約4顆的份量）
牛油…50g
砂糖…50g
君度橙酒（▶p222）…2大匙

作法

1 砂糖倒入鍋中加熱，煮焦後，橫向切成一半的橘子斷面朝下放入，烤成漂亮的顏色。橘子烤好後先起鍋，加入牛油降低溫度阻止燒焦。倒入橘子果汁。

2 薄餅皮摺疊放進1的平底鍋中，倒回橘子稍微燉煮。

3 最後倒入君度橙酒把火關掉，薄餅裝盤，淋上醬汁。放上香草冰淇淋配上烤橘子。

087

砂糖煮焦讓橘子焦糖化。

### 088 小茴香檸檬
####     燜嫩煎扇貝

提到全世界都享受其恩澤的水果,那就是檸檬。

如果沒有檸檬,各種料理和點心都不會在世上出現,它正是如此偉大。

本書全都使用日本國產檸檬,追求它連皮都能吃的魅力。

Braiser(燜)的手法也是有皮才得以實現。

## 089 鮭魚花椰菜檸檬寬扁麵

充分活用與乳脂肪搭配的一道料理。
以奶油為基底的醬汁，藉由刮下的皮增添風味和苦味，
最後，切碎檸檬果肉加入攪拌更添清爽。
因為柑橘的酸味會隨著時間經過揮發。

## 090 檸檬燉雞腿肉

從摩洛哥傳來，在南法扎根的料理。
我在兩地都曾嚐過，令我留下深刻的印象。
但是，只有鹽味檸檬對日本人來說苦味有點強烈。加入少許砂糖
讓味道更溫和，就會變得更順口，鮮味也更明顯。

091 蘆筍高麗菜芽
檸檬醬沙拉

檸檬皮和果肉連同種子放入攪拌機攪拌而成的檸檬醬，
在我的獨門醬汁中是完成度最高的。
讓略苦味、酸味和微微的甜味乳化過的溫和、多乳脂的滋味，
是任何人都喜愛的味道。

# 檸檬

芸香科柑橘屬

原產地｜印度東北部的
　　　　喜馬拉雅山

時　期｜日本國產 10 ～ 3 月

長久以來，雖是以進口檸檬為主流，但從 30 年前便以瀨戶內海為中心，也開始在日本栽種。現在廣島出產 9 成的日本國產檸檬。清冽酸味與香味的魅力是大家最熟悉的，由於皮也有許多魅力，用於整顆煮的料理時，請務必使用日本國產的無農藥檸檬。發源於摩洛哥的鹽醃檸檬是全新的食用方式。

---

088

## 小茴香檸檬
## 燜嫩煎扇貝

**材料**（2 人份）

扇貝貝柱…10 顆

小茴香…4 株

檸檬（切成 3 mm 圓片）…1 顆

潘諾茴香酒（▶p222）…200 ml

雞湯（▶p216）…200 ml

橄欖油…2 大匙十適量

牛油…20 g 十少量

鹽、胡椒…各適量

茴香葉…適量

**作法**

1 使用小茴香的莖不用切掉就能放入的鍋子，倒入茴香、檸檬、潘諾茴香酒、雞湯、橄欖油 2 大匙、鹽、胡椒，轉成小火，蓋上鍋蓋燜煮到湯汁剩一半。

2 牛油和少許橄欖油用另一只鍋子加熱，扇貝貝柱兩面嫩煎一下。

3 燜煮的茴香和檸檬裝盤，剩下的湯汁煮到剩一半，用 20 g 牛油增添風味。放上嫩煎的扇貝，淋上醬汁。用茴香葉點綴。

---

089

## 鮭魚花椰菜檸檬寬扁麵

**材料**（2 人份）

鮭魚…100 g

花椰菜（分成小朵）…100 g

檸檬…1 顆

洋蔥（切片）…1/2 顆

大蒜（切末）…1/2 小匙

白酒…80 ml

寬扁麵…100 g

鮮奶油…50 ml

牛油…30 g

橄欖油…1 大匙

鹽、胡椒…各少量

帕馬森起司（磨碎）…適量

**作法**

1 檸檬削去表皮，切絲。去除白瓤，果肉切成 5mm 丁塊。

2 牛油、橄欖油和大蒜倒入平底鍋慢慢炒，散發出香味。

3 在 2 加入洋蔥和鮭魚邊弄散邊炒，倒入花椰菜和檸檬皮。倒入白酒，稍微煮乾。

4 放入加鹽煮過的寬扁麵，整體拌勻。最後加入鮮奶油，稍微煮乾。用鹽、胡椒調味，摻入檸檬果肉，立刻裝盤，撒上帕馬森起司，磨碎胡椒並撒在上面。

# 090

# 檸檬燉雞腿肉

材料（4人份）

雞腿肉…4 片

鹽味檸檬（▶p218）…1 顆

檸檬*…適量

洋蔥（切成 7mm 寬的切片）…1 顆

芹菜（切片）…1 根

大蒜（切末）…1 小匙

白酒…200 ml

雞湯（▶p216）…400 ml

薑黃…1/2 小匙

番紅花…少許

砂糖…1 小匙

鮮奶油…80 ml

沙拉油…少量

牛油…適量

鹽、胡椒…各適量

作法

1 鹽味檸檬的少許表皮切絲，果肉細切。另外的少許檸檬皮也切絲。

2 雞腿肉切成 4 等分。撒上鹽、胡椒用沙拉油嫩煎，然後起鍋。

3 在 2 空出的鍋子加上少許牛油，倒入鹽味檸檬皮、洋蔥、芹菜、大蒜，慢慢用小火嫩煎，別煎到變色。

4 在 3 加入鹽味檸檬果肉、白酒、雞湯、薑黃、番紅花、砂糖煮沸，倒入 2 的雞肉，把火轉小燉煮 20 分鐘。肉變軟後起鍋，裝盤。

5 剩下的湯汁稍微煮乾，用鹽、胡椒調味。加入鮮奶油，最後加上少許檸檬汁，立刻撒上裝盤的肉，撒上檸檬皮絲。

\* 如果檸檬汁不是最後才加入，鮮奶油就會分離，這點須注意。

---

# 091

# 蘆筍高麗菜芽
# 檸檬醬沙拉

材料（4人份）

綠蘆筍…8 根

高麗菜芽…8 株

檸檬…2 顆

蜂蜜…1 大匙

芥末…2 大匙

大蒜（切末）…1 小匙

橄欖油…3 大匙

魚露…1 大匙

帕馬森起司（磨碎）…適量

鹽…適量

作法

1 檸檬表皮用削皮器削皮，將白瓤去除乾淨。果實種子不取出，切滾刀塊放入攪拌機，加入蜂蜜、芥末、大蒜、魚露、橄欖油攪拌。

2 蘆筍下半部較硬的部分削皮用鹽水煮，切成 2～3 等分。高麗菜芽切成兩半用鹽水煮。

3 2 冷卻後倒入調理碗中，用 1 的檸檬醬拌一下。裝盤，撒上帕馬森起司。

▶ 088

小茴香、檸檬、雞湯一起煮。

## 092 帕瑪火腿雞胸肉捲
### 佐金桔醬

金桔再怎麼調理還是金桔，煮成甜的雖是不錯，
但要運用於料理中極為困難。可是它可以直接啃，
我想設法活用全球頗為稀有的這種柑橘類的魅力。
在煮焦糖時加入金桔熬煮的醬汁，濃郁之中更添清爽。

### 093 金桔果醬焦糖核桃
### 女爵巧克力蛋糕

女爵（marquise）的意思是公爵夫人。
如此冠名的甜點有著無盡的醇厚，富含奶油又優美。
金桔高貴的滋味和豐潤的巧克力蛋糕組合簡直就是女爵。
和鮮豔抹茶醬的對比也很美麗。

# 金桔

芸香科金桔屬
原產地｜中國
時　期｜11～3月

全世界最小的柑橘類。食用部分並非果肉，幾乎是吃皮，這點是與其他柑橘類最大的差異。皮的香氣濃烈，甜味也很強烈。所以連同皮該如何運用，正是金桔的調理方法要點。自古以來有甜味的料理是日本人熟悉的口味。它對喉嚨很好是眾所周知的事。

---

092

## 帕瑪火腿雞胸肉捲佐金桔醬

**材料**（2人份）

雞胸肉…1片（300～350g）
普羅旺斯綜合香料（▶p222）…適量
生火腿（切片）…2片
內臟脂肪…適量
雪莉醋…1大匙
木犀草（▶p222）…1撮
君度橙酒（▶p222）…1大匙
金桔果醬（下段）…5顆的量
小牛高湯（▶p216）…150ml
橄欖油…1大匙
沙拉油…少許
鹽、胡椒…各適量

**作法**

1 雞胸肉去皮，沿著纖維劃一道切痕切開，撒入普羅旺斯綜合香料再封住。為了讓厚度均等，在肉較薄的部分劃道切痕，翻摺變成條狀。整體撒點鹽、胡椒，用生火腿捲起，再用內臟脂肪包第二層。

2 內臟脂肪的封口處朝下，放進預熱的平底鍋，用少許沙拉油煎煮。封口處結合後翻面，淋上中途流出的油脂並煎成玫瑰色，放在溫暖處靜置。

3 雪莉醋和木犀草倒入鍋中，煮到水分幾乎收乾。君度橙酒和金桔果醬的砂糖洗掉後加入，倒入小牛高湯煮沸。把火轉小煮到剩一半，用鹽、胡椒調味，再用橄欖油增添風味。

4 2的雞胸肉切成4等分裝盤，淋上3。

---

093

## 金桔果醬焦糖核桃女爵巧克力蛋糕

**材料**（28cm的陶罐模型1個的份量）

**焦糖核桃**
　核桃…150g
　砂糖…100g
　牛油…20g

**金桔果醬**
　金桔…100g
　砂糖…100g＋適量

**巧克力陶罐糕**
　糖皮（▶p222）…500g
　牛油…300g
　雞蛋…3顆
　鮮奶油…150g

英格蘭奶油醬（▶p219）…200ml
抹茶…1/2小匙

**作法**

1 製作焦糖核桃。核桃用低溫的烤箱烘烤。砂糖倒入鍋中加熱，製作焦糖，倒入核桃沾滿。加入牛油攪拌，在烤盤紙上攤開冷卻，冷卻後粗略敲碎。

2 製作金桔果醬。金桔的蒂去掉，用鐵籤刺幾個地方開洞。先放入水中煮開後，水全部倒掉，用手捏捏住，擠出裡面的種子。

3 2倒入小鍋，加入100g砂糖和剛好淹過的水，熬煮2小時。冷卻後除去水分，讓它乾燥。撒滿砂糖保存。

4 製作巧克力陶罐糕。糖皮和牛油倒入調理碗中用溫水隔水加熱融解。

5 蛋分成蛋黃與蛋白。在4加入蛋黃，再加上鮮奶油攪拌。

6 蛋白打發到立起角狀，直接加入5攪拌。加入切碎的3和1攪拌均勻，倒入鋪了保鮮膜的陶罐模型，放進冷凍庫凝固。

7 在結凍的狀態下切成1.5cm厚，然後裝盤。在英格蘭奶油醬加入用少許熱水溶解的抹茶攪拌，倒上完成的醬汁。

### 094 烤魷魚奇異果番茄醬

奇異果用在料理上，這又是一道棘手的難題，
不過燒烤倒是不錯的解法。綠色果肉的水果和海鮮很搭配。
似乎無一例外地可以套用這項法則。
配上烤得香噴噴的魷魚和番茄，奇異果成了味道的強調重點。

# 095 油封雞肫奇異果熱三明治

這道和雞肫搭配的料理也十分有趣。
想法來自於水果三明治經常使用奇異果。
果肉口感扎實，水分不會太多也很不錯。
最愛的熱三明治有著出乎意料的美味。

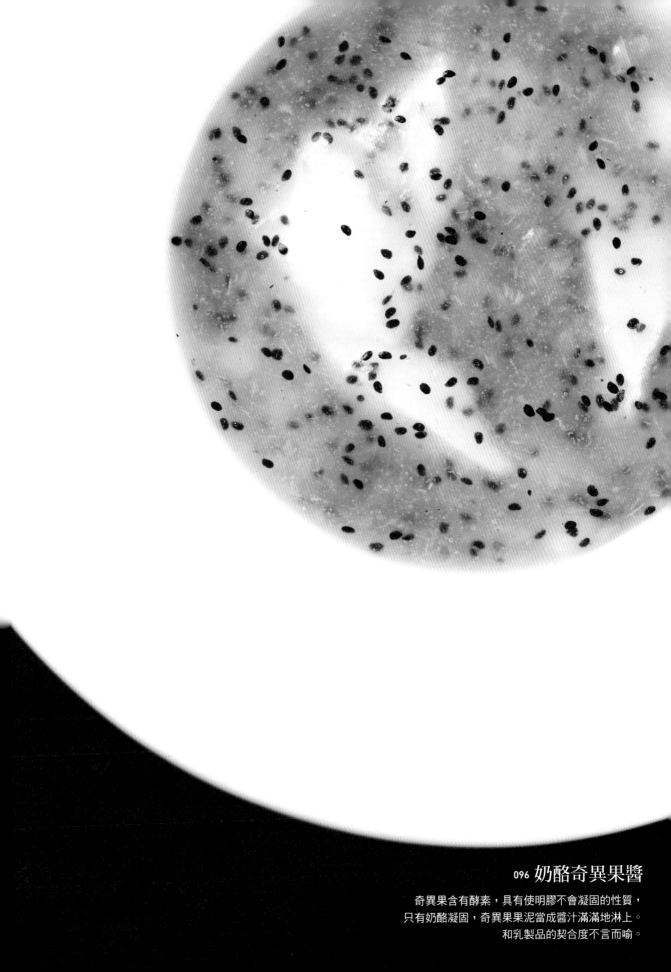

096 奶酪奇異果醬

奇異果含有酵素，具有使明膠不會凝固的性質，
只有奶酪凝固，奇異果果泥當成醬汁滿滿地淋上。
和乳製品的契合度不言而喻。

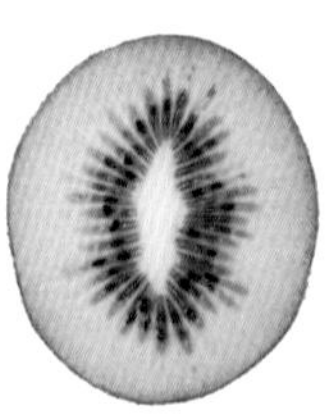

# 奇異果

獼猴桃科獼猴桃屬
原產地｜中國揚子江沿岸
時　期｜日本國產 12～3月

雖是歷史尚淺的水果，但已經成為餐桌上的熟面孔。中國原產的獼猴桃被紐西蘭學者帶回國，經由不斷改良變成現在的奇異果。日本是從石川縣開始栽種。還有黃色果肉的「讚岐黃金奇異果」等品種。維他命C與纖維都很豐富，有益健康。另外，由於個體差異極小，且價格便宜，容易運用在料理與甜點上。

094

## 烤魷魚奇異果番茄醬

材料（4人份）
槍魷魚…4隻
奇異果…1顆
小番茄（切4等分）…12顆
小洋蔥（切末）…1小匙
大蒜（切末）…1/2小匙
薄荷（切末）…1小匙
雪莉醋…1大匙
橄欖油…3大匙十少量
咖哩粉…1撮
鹽、胡椒…各適量

作法
1 槍魷魚去除內臟，摘下嘴巴剝皮，切成一口大小。奇異果削皮切成5mm丁塊。
2 奇異果和番茄倒入調理碗中，倒入小洋蔥、大蒜、薄荷、雪莉醋、橄欖油3大匙、咖哩粉、鹽、胡椒，攪拌到乳化。
3 1的槍魷魚撒上鹽、胡椒，塗上少許橄欖油烤一下。2裝盤，放上烤魷魚。

095

## 油封雞胗奇異果熱三明治

材料（1人份）
油封雞胗（▸p217）…4個
番茄（切成3mm圓片）…3片
奇異果（切成3mm圓片）…4片
葛瑞爾起司（碎條型）…1大匙
吐司（裁切8片）…2片
橄欖油…4大匙

作法
1 油封雞胗切成1cm寬。
2 在吐司上面疊上番茄、雞胗、奇異果、起司，蓋上吐司稍微壓一下。放入淋了橄欖油的平底鍋，在鍋底邊壓邊把兩面煎到剛剛好。

096

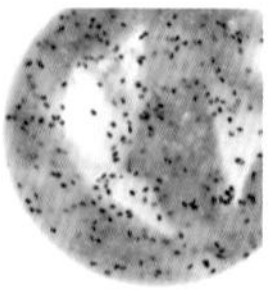

## 奶酪奇異果醬

材料（8人份）
牛奶…500ml
鮮奶油…500ml
明膠片…15g
砂糖…200g
奇異果…5顆
糖漿…適量（砂糖：水＝1：1）

作法
1 明膠用冰水浸泡。
2 砂糖加入牛奶加熱，稍微煮沸後離火，加上浸泡的明膠溶解攪拌。再加入鮮奶油攪拌，用網眼細的漏勺過濾，放進冰箱冷卻凝固。
3 奇異果削皮放入攪拌機。要是攪拌到種子碎掉，醬汁會變黑變濁，所以請勿過度攪拌。加上糖漿稀釋成喜歡的甜度。
4 2の的奶酪裝盤，淋上滿滿的3。

# 第 5 章

# 常夏

### 097 嫩煎雞胸肉
####   佐柳橙醬、荷蘭醬

利用餘熱加熱，完成多汁的嫩煎雞胸肉。
因為口味較淡，最好配上滿滿的乳狀醬汁。
若是用柳橙添加酸味與甜味的醬汁或荷蘭醬，
鮮味也會格外凸顯。正好當成一頓輕鬆的午餐。

「鯖魚配柳橙？」或許你會感到意外，
不過這在普羅旺斯是常見的組合。
從味噌煮鯖魚也能瞭解，
柳橙的作用是消除魚腥味和增添風味，這樣想便容易明白。
不用日本酒，而是倒些葡萄酒，也能充分補足油脂的美味。

## 099 烤羔羊佐金巴利酒柳橙醬

滴酒不沾的我也被金巴利酒柳橙醬的美味打動。
與柳橙的潛在微苦味結合是不朽的美味。
金巴利酒的藥效也有不錯的食慾促進效果。
讓它以醬汁的型態呈現時，我覺得羔羊肉最合適。

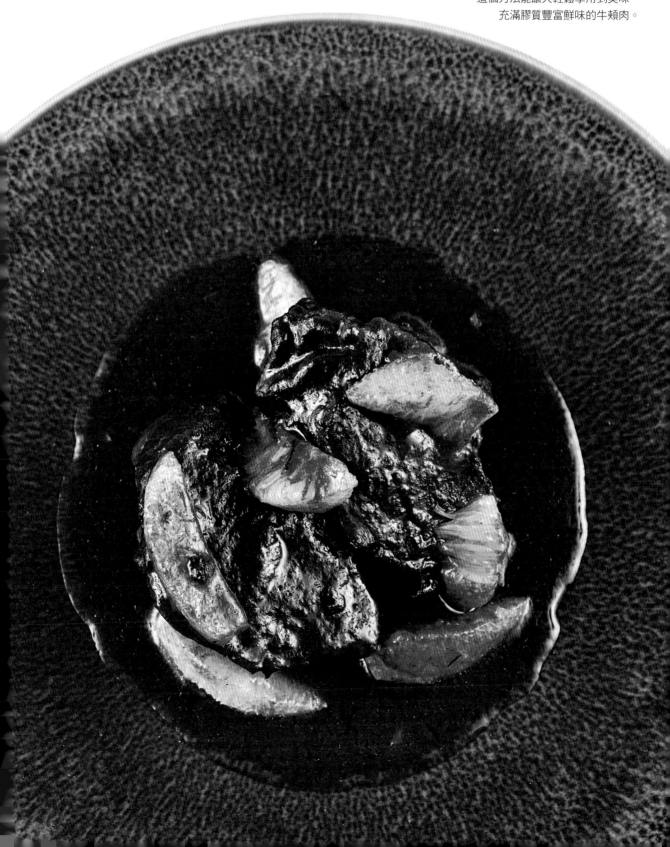

## 100 尼斯風紅酒燉牛頰肉
## 柳橙風味

普羅旺斯典型的鄉土料理。
只用南法的清淡紅酒和柳橙汁燉煮，所以柳橙的酸甜滋味非常鮮活。
這個方法能讓人輕鬆享用到美味、
充滿膠質豐富鮮味的牛頰肉。

# 柳橙

芸香科柑橘屬

原產地｜印度

時　期｜全年

柳橙是柑橘類之中在全世界最廣為種植的水果。瓦倫西亞橙和臍橙是 2 大品種。臍橙有肚臍狀疤痕，瓦倫西亞橙則沒有。分布世界各地的這種水果，起源於喜馬拉雅山周邊的野生橘子。日本的柳橙是從美洲、南非、澳洲、西班牙等各國傳入。果汁豐富，酸味與甜味細膩的平衡是柳橙獨有的特色。

---

**097**

## 嫩煎雞胸肉
## 佐柳橙醬、荷蘭醬

**材料**（4 人份）

雞胸肉…2 片

柳橙…2 顆

小洋蔥（切末）…2 大匙

白酒…50 ml

白酒醋…50 ml

蛋黃…3 顆

柳橙汁（100%）…50 ml

融化後的牛油…200 g

檸檬汁…1 大匙

薄荷（切末）…1 小匙

牛油…40 g

沙拉油…2 大匙

鹽、胡椒…各適量

**作法**

1　雞胸肉撒鹽、胡椒，倒入已將沙拉油和牛油加熱的平底鍋，以不會燒焦的溫度邊淋油邊烤得鮮嫩多汁。

2　柳橙表皮用削皮器削薄薄一層，然後切絲。取出果肉，切成 1cm 丁塊。剩下的瓣榨成果汁。

3　小洋蔥、白酒、白酒醋倒入鍋中，煮到水分幾乎收乾。

4　蛋黃、柳橙皮倒入 3，倒入柳橙汁和榨成的果汁，一邊隔水加熱一邊攪拌。變濃後，慢慢加入融化牛油攪拌。用鹽、胡椒、檸檬汁調味，摻入薄荷。

5　在盤子裡鋪滿醬汁。雞胸肉直向切成 7mm 厚並放上，配上柳橙果肉，用薄荷（額外份量）點綴。

---

**098**

## 柳橙燉鯖魚

**材料**（4 人份）

鯖魚…2 條

柳橙…1 顆

小洋蔥（切末）…1 大匙

蘑菇（切片）…6 顆

柳橙汁（100%）…100 ml

白酒…100 ml

雞湯（▶p216）…200 ml

鮮奶油…50 ml

牛油…20 g

鹽、胡椒…各適量

**作法**

1　鯖魚切成 3 片，再切成一半。

2　柳橙皮用削皮器削薄薄一層，去除白瓤。切下果肉，剩下的瓣榨成果汁。

3　在足以排滿鯖魚的鍋子內塗上薄薄一層牛油，排上鯖魚，倒入小洋蔥、蘑菇、柳橙皮和果汁、柳橙汁、白酒、雞湯，加熱煮沸。撈掉浮沫轉成小火，蓋上紙蓋煮 15 分鐘。

4　鯖魚起鍋，過濾湯汁，煮到剩一半。

5　倒回鯖魚，放入柳橙果肉再加鮮奶油，用鹽、胡椒調味。鯖魚裝盤，淋上滿滿的柳橙醬。

# 烤羔羊
# 佐金巴利酒柳橙醬

**材料**（3 人份）

帶骨羔羊背肉（羊架）…1 隻（1.2 kg）

柳橙…2 顆

柳橙汁（100%）…100 ml

金巴利酒（▸ p222）…50 ml ＋ 20 ml

小牛高湯（▸ p216）…200 ml

牛油…30 g

砂糖…少量

鹽、胡椒…各適量

**作法**

1 柳橙表皮用削皮器削薄薄一層，1 小匙的份量切絲。剩下的皮去除，從中間取出 6 片 5mm 厚的圓片。剩下的果肉榨成果汁。

2 羔羊背肉的背骨和肩胛骨取一部分，削去過多的脂肪，脂肪面劃出格子狀切痕，撒上鹽巴。從脂肪面放入預熱的平底鍋，用力按壓煎脂肪。連同平底鍋放入烤箱，用 240℃烤 5 ～ 6 分鐘，里肌肉的部分烤成玫瑰色，撒上胡椒。

3 柳橙汁、果汁、金巴利酒 50ml 和柳橙皮倒入鍋中煮到剩一半。加入小牛高湯再煮到剩一半，用牛油增添風味增加濃稠度，再用鹽、胡椒調味。

4 切成圓片削皮的柳橙撒上砂糖放入平底鍋，加熱煮成焦糖，倒入 20ml 金巴利酒點火燃燒。

5 在 4 炒過的柳橙鋪在盤子上，淋上 3 的醬汁，肉切好放上。

柳橙

# 尼斯風紅酒燉牛頰肉
# 柳橙風味

**材料**（8 人份）

牛頰肉…2 kg

柳橙…4 顆

柳橙汁（100%）…1ℓ

紅酒…1ℓ

香味野菜

　洋蔥（切成 2 cm 丁塊）…1 顆
　胡蘿蔔（切成 2 cm 丁塊）…1 根
　芹菜（切成 2 cm 丁塊）…1 根
　大蒜（切成大塊）…1 顆

沙拉油…適量

橄欖油…30 ml

鹽、胡椒…各適量

**作法**

1 牛頰肉去掉硬筋，切成一半。撒鹽用少許沙拉油將整面煎成漂亮的顏色。

2 柳橙皮用削皮器削薄薄一層，去除白瓤。切下果肉，剩下的瓣榨成果汁。

3 香味蔬菜和柳橙皮倒入鍋中，用少許沙拉油炒到變色。

4 柳橙汁、果汁與紅酒倒入 3 將肉放入，煮沸後撈掉浮沫，轉成小火燉煮 3 小時直到變軟。肉起鍋，過濾湯汁，煮到剩一半。

5 肉放回 4，加上柳橙果肉。用橄欖油增添風味，再用鹽、胡椒調味。

## 101 魷魚葡萄柚芹菜沙拉

葡萄柚在水果中也是容易運用於料理的萬能食材。
富含果汁的果肉是魅力來源。
清涼墨魚和芹菜的組合加上羅勒泥的涼快感，
使得風味更上一層樓。

## 102 葡萄柚醃蝦仁配香菜

魚露、大蒜、蜂蜜、香菜⋯⋯
是意識到亞洲風味的組合。
牡丹蝦的濃郁甜味和顏色宛如蝦子的葡萄柚果肉實在很搭。
敬請享受清爽的異國風味。

### 103 鋁箔紙烤葡萄柚羅勒鱸魚

富含的果汁，加熱後會一口氣溢出來，
所以能包住香氣與美味的鋁箔紙烤法非常合適。
一般是加上檸檬，這裡改成葡萄柚，
白肉魚加番茄疊起來烤的效果超乎想像。

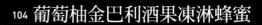

## 104 葡萄柚金巴利酒果凍淋蜂蜜

有滿滿果汁的柑橘類，是果凍點心的標準材料，
至於每個果肉細胞都很柔軟的葡萄柚，
材料和果凍的硬度一致能呈現一體感。
使用 2 種顏色倒進陶罐型，馬賽克圖樣也很美麗。

# 葡萄柚

芸香科柑橘屬

原產地｜西印度諸島

時　期｜全年

以佛羅里達為中心，來白南非幾乎100％的進口商品。進口果實的量緊跟在香蕉之後為第2名。豐富果汁與獨特的微苦味和清爽酸味，十分符合喜愛柑橘類的日本人喜好。果肉有白色、粉紅色、紅寶石色等種類。拿起來比較時愈是沉甸甸的果實，含有愈多果汁，非常美味。

---

**101** 　魷魚葡萄柚芹菜沙拉

**材料**（4人份）

槍魷魚…2隻

葡萄柚（白、粉紅）…各1顆

芹菜…2根

大蒜（切末）…1/2小匙

雪莉醋…1大匙

羅勒果泥*…1小匙

帕馬森起司（磨碎）…1大匙

橄欖油…2大匙十適量

鹽、胡椒…各適量

葡萄酒醋（▸p222）…適量

**作法**

1　槍魷魚去除嘴巴和內臟，剝皮切成2cm寬的圓片，撒上鹽、胡椒。

2　取出葡萄柚果肉，剩下的瓣榨成果汁。芹菜去除粗纖維，切成1cm寬的斜切片。

3　少許橄欖油倒入平底鍋加熱炒槍魷魚。倒入芹菜炒一下，再倒入大蒜、雪莉醋、葡萄柚果汁煮一下，盛到調理碗中。

4　羅勒泥、帕馬森起司、葡萄柚果肉倒進3加在一起，加入2大匙橄欖油，充分攪拌到乳化。用鹽、胡椒調味後裝盤，在周圍倒一些葡萄酒醋和橄欖油。

*　羅勒葉放入攪拌機，加入橄欖油攪拌到變黏稠。

---

**102** 　葡萄柚醃蝦仁配香菜

**材料**（4人份）

牡丹蝦…16隻

葡萄柚（白、粉紅）…各1顆

蘿蔔…100g

紅椒（細切）…1/4顆

魚露…1大匙

大蒜（切末）…1/2小匙

蜂蜜…1大匙

橄欖油…2大匙

鹽、胡椒…各適量

艾斯佩雷產辣椒粉（▸p222）…1撮

香菜…適量

**作法**

1　牡丹蝦去掉頭和腸泥，剝殼。取出葡萄柚果肉，切成2cm丁塊。剩下的瓣榨成果汁。

2　蘿蔔切絲，用鹽巴搓揉，變軟後除去水分。

3　葡萄柚果汁、魚露、大蒜、蜂蜜、橄欖油、鹽、胡椒倒入調理碗中攪拌。加入牡丹蝦、葡萄柚果肉、蘿蔔、紅椒一起攪拌。裝盤撒上艾斯佩雷產辣椒粉，配上香菜。

**103** 鋁箔紙烤葡萄柚羅勒鱸魚

材料（1人份）
鱸魚…150g
葡萄柚（5mm厚的圓片）…1片
小番茄（對半切）…3顆
羅勒…1片
牛油…10g
橄欖油…1大匙
白酒…1大匙
鹽、胡椒…各適量

作法
1 葡萄柚圓片去除皮和白瓤。
2 鋁箔中央塗上薄薄一層牛油（額外份量），撒上鹽、胡椒的鱸魚、葡萄柚、番茄、羅勒依序重疊。放上牛油，灑點橄欖油和白酒然後密封。用200℃的烤箱加熱15分鐘。

葡萄柚

**104** 葡萄柚金巴利酒果凍
淋蜂蜜

材料（28cm的陶罐型1個的份量）
葡萄柚（白、粉紅）…各4顆
紅石榴糖漿（▶p222）…75ml
金巴利酒（▶p222）…75ml
明膠片…17g
蜂蜜…適量
薄荷…少量

作法
1 取出葡萄柚果肉，倒入調理碗中。剩下的瓣榨成果汁。不滿200ml時就加點葡萄柚汁（100％，額外份量）。
2 果汁、紅石榴糖漿、金巴利酒倒進鍋中加在一起煮沸。加入用水泡過的明膠片溶解。
3 **2**倒入**1**的調理碗中，全部加在一起，倒進鋪了保鮮膜的陶罐型凝固。切成2cm厚再裝盤，淋上蜂蜜，用薄荷點綴。

## 105 整顆萊姆凱撒醬沙拉

萊姆表皮、果肉、果汁全都奢侈地用上的沙拉。
沙拉醬用豆腐增加濃稠度，
能夠輕鬆完成，
我不用羅馬生菜，而是搭配柔細的萵苣。

### 106 烤鴨胸肉
### 蜂蜜萊姆醬

有著紅肉多層次滋味的鴨肉和柳橙的組合，
在西歐料理中是經典中的經典。將柳橙換成萊姆，
便成了更出色的一道料理。
用蜂蜜補足微微的甜味，便是完美的融合。

菜豆萊姆燉雞腿肉

提到萊姆，總是會聯想到中南美。

墨西哥人常吃豆子，我想起突尼西亞和摩洛哥的燉菜豆，便試著搭配萊姆。

它的香氣比檸檬更強烈，很開心能完成和北非大異其趣的風味。

### 108 萊姆醃羔羊排配烤萊姆

換一種醃泡汁，羔羊排的吃法便有無限多種變化。
特色是強烈酸味與香氣的萊姆，用它來醃漬是有點嶄新的手法。
它的香氣具有揮發性，
在吃有烤痕微苦的萊姆之前，擠上滿滿的萊姆汁，味道會更強烈。

# 萊姆

芸香科柑橘屬

原產地｜印度

時　期｜全年

形狀類似檸檬，卻是全然不同的水果。萊姆在樹上成熟後會變成黃色，可是具有清涼感的強烈芳香才有價值，所以都在未成熟時採收。相較於強烈的香氣，酸味比檸檬更溫和。清爽的苦味也很有魅力，最好在料理中活用它的香氣與微苦味。果皮、果肉、果汁分別使用以表現萊姆的風格也不錯。

---

**105**

## 整顆萊姆凱撒醬沙拉

**材料**（2 人份）
萵苣…1 顆
萊姆…2 顆
大蒜…2 片
木綿豆腐…1/2 塊（150g）
芥末…2 大匙
白酒醋…2 大匙
橄欖油…3 大匙
鹽、胡椒…各適量

**作法**

1 萊姆 1 顆用果皮刮刀將表皮磨細保留，其餘的榨成果汁。另 1 顆的表皮削去薄薄一層，去除白瓤，取出果肉。

2 萊姆果汁、果肉、大蒜、豆腐、芥末、白酒醋和橄欖油放入攪拌機，攪拌到變得滑順。用鹽、胡椒調味。

3 萵苣切成 4 等分，用冰水泡到變爽口。除去水分後裝盤，在斷面滿滿地淋上 2 的醬汁。磨碎胡椒，撒上用果皮刮刀磨細的皮。

---

**106**

## 烤鴨胸肉
## 蜂蜜萊姆醬

**材料**（2 人份）
鴨胸肉…1 片（350 ～ 400g）
萊姆…1 顆
蜂蜜…1 大匙
雪莉醋…1 大匙
木犀草（▶p222）…少量
白酒…50ml
小牛高湯（▶p216）…150ml
牛油…30g
鹽、胡椒…各適量
油菜花…適量

**作法**

1 鴨皮劃出格子狀切痕，從帶皮側放入預熱的平底鍋。煎到甩掉油脂，翻面把肉煎成玫瑰色。

2 萊姆削皮，去除白瓤，每瓣切成 5mm 丁塊。

3 蜂蜜、雪莉醋和木犀草倒入鍋中，煮到快要燒焦為止。接著倒入白酒，煮到水分幾乎收乾，倒入小牛高湯和萊姆果肉。煮到剩一半，用鹽、胡椒調味，再用牛油增添風味。

4 在盤子鋪上煮一下的油菜花，切成 7mm 厚的鴨肉盛到上面，淋上醬汁。

# 菜豆萊姆燉雞腿肉

**材料**（8人份）
雞腿肉…4片
萊姆…2顆
洋蔥（切末）…1顆
芹菜（切末）…1根
小洋蔥（切末）…1小匙
大蒜（切末）…1/2大匙
菜豆（水煮）…400g
白酒…200ml
雞湯（▸p216）…400ml
辣椒粉…1小匙
牛油…30g
鹽、胡椒…各適量

**作法**

1 萊姆表皮用果皮刮刀磨細。去除白瓤，果肉每瓣切成3mm厚的切片。

2 雞腿肉1塊切成4等分，撒上鹽、胡椒，用鍋子加熱牛油嫩煎。雞肉起鍋除去油脂，在空出的鍋子加入洋蔥、芹菜、小洋蔥、大蒜翻炒。

3 白酒、雞湯、辣椒粉、萊姆果肉、除去水分的菜豆加入 **2**，倒回 **2** 的雞肉，燉煮20分鐘，用鹽、胡椒調味。裝盤，撒上萊姆表皮。

萊姆

# 萊姆醃羔羊排
# 配烤萊姆

**材料**（2人份）
羔羊排…6根
醃泡汁
　萊姆…1顆
　大蒜（切末）…1片
　魚露…1大匙
　砂糖…1小匙
萊姆…1個
沙拉油…適量
橄欖油…1大匙
鹽、胡椒…各適量

**作法**

1 製作醃泡汁。表皮、去除白瓤的萊姆果肉、大蒜、魚露和砂糖放入攪拌機，攪拌到變得滑順。

2 羔羊排用 **1** 醃漬，醃泡2小時。

3 稍微除去醃泡汁的 **2** 的羔羊排塗上沙拉油，用烤盤烘烤，最後撒上鹽、胡椒。搭配的萊姆橫向切成一半，用格子狀烤架將斷面烤出烤痕。

▸108

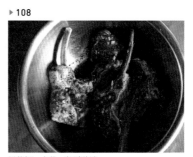

用萊姆、大蒜、魚露醃漬。

### 109 酪梨熱水澡沙拉

酪梨號稱森林的牛油。
只要放入食物處理機,就會變成美味的果泥。加入鯷魚、大蒜、
橄欖油攪拌,直接變成熱水澡沙拉的醬汁。

### 110 麥年牡蠣
## 咖哩風味酪梨醬

日本料理中有個「友拌」的手法。
食材搗碎後再和相同食材一起拌。
這道料理正是來自於這種想法。
森林的牛油加上大海的牛奶──牡蠣，便成了美味的平方。

## 111 酪梨西班牙歐姆蛋

酪梨當成加入歐姆蛋的食材也十分速配。
即使加熱也不會流出水分，形狀也不會散掉。
並且更添乳狀的美味。酪梨是唯一果實中含有油脂的水果。
感覺像是加上切丁的奶油起司煎歐姆蛋。

# 酪梨

樟科酪梨屬

原產地｜中南美
時　期｜全年

號稱森林的牛油，全世界營養價值最高的果實。進口到日本的酪梨，幾乎都是來自於墨西哥。用手指按壓表皮，稍微凹下便是可以吃了。由於沒有酸味與甜味，可直接運用於料理上。打成泥的墨西哥料理的酪梨醬是最普遍的吃法，也能切成一口大小油炸或煎炒，非常容易運用。

---

**109**

## 酪梨熱水藻沙拉

材料（3～4 人份）
酪梨…1 顆
鰻魚…20g
大蒜…4 片
牛奶…2 大匙
橄欖油…1 大匙
羅馬花椰菜、芹菜、紅椒、黃椒、玉米筍
　等喜愛的蔬菜…適量

作法
1　製作熱水藻沙拉。大蒜切片放入水中煮開後，水全部倒掉，加牛奶煮到水分收乾。
2　去皮去籽切成一口大小的酪梨、鰻魚、1、橄欖油倒入食物處理機，攪拌到變得滑順。

3　需要的蔬菜加少許鹽巴（額外份量）煮一下，切成易於入口的大小裝盤。2 倒入蒸鍋等容器配上。

---

**110**

## 麥年牡蠣
## 咖哩風味酪梨醬

材料（2 人份）
牡蠣…8 顆
酪梨…1 顆
鮮奶油…1 大匙
檸檬汁…1 大匙
大蒜（切末）…1/2 小匙
鹽、胡椒、麵粉…各適量
沙拉油…適量

作法
1　酪梨去皮去籽，一半做成醬汁，另一半用來當配菜。
2　製作醬汁。一半的酪梨切成一口大小，和鮮奶油、檸檬汁、大蒜一起倒入食物處理機，攪拌到變得滑順。用鹽、胡椒調味。

3　剩下的酪梨切成月牙形，塗滿麵粉。牡蠣也塗滿麵粉，少許沙拉油倒入平底鍋加熱，煎一下食材。
4　2 的醬汁鋪在盤子上，牡蠣和酪梨裝盤。

---

**111**

## 酪梨西班牙歐姆蛋

材料（直徑 20cm，1 片的份量）
雞蛋…8 顆
香腸（切成 1cm 圓片）…60g×2 條
紅椒（切成 1cm 丁塊）…1 顆
酪梨（切成 1cm 丁塊）…1 顆
小番茄（對半切）…5 顆
牛奶…50ml
鹽、胡椒…各適量

牛油…30g

作法
1　把蛋打入調理碗中，加入牛奶、鹽、胡椒攪拌。再倒入香腸、紅椒、酪梨、小番茄攪拌。

2　用平底鍋融化牛油，倒入 1，蓋上鍋蓋用小火慢慢煎。凝固後翻面同樣煎熟。

## 112 鳳梨春膳野菜沙拉
### 椰子風味

兼具強烈的酸味和甜味，鳳梨這種食材令人格外喜愛。
雖然直接生吃非常完美，可是卻很難搭配其他食材。
用椰子油調味，和微苦的春天豆類搭配，可以濃縮甜味。

### 113 惡魔風雞肉
### 配烤鳳梨

名為惡魔風的料理大多是指辛辣口味。
加進醬汁裡的黑胡椒辣味,
被烤鳳梨的酸甜滋味蓋過,提高了這道料理的完成度。
鳳梨當成配菜的威力也很強大。

## 114 香料烤羔羊
### 焦糖鳳梨醬

鳳梨本身的糖度很高，也很容易煮成焦糖。
如果醬汁裡加了更添芳香與舒服苦味的鳳梨，
和香料烤羔羊就很搭配。
最好配上醇厚的紅酒一起品嚐。

## 115 香料風味烤鳳梨
### 配荔枝奶酪

荔枝奶酪和烤鳳梨搭配，
將常夏的兩種水果配在一起的豐富甜點。
想完成一道漂亮的香濃甜味組合，
香料的香氣與辣味絕不可少。

# 鳳梨

鳳梨科鳳梨屬

原產地 | 巴西

時 期 | 全年、
日本國產為 5～9 月

由於是南美原產，也因為是在列強諸國的殖民地生產，所以常用於法國料理的餐後甜點。日本沖繩也有少量栽種，不過大多是進口商品，其中99%產自菲律賓。甜味與酸味濃郁，個性鮮明，可是搭配任何食材都不會干擾味道，由於具備這種特性，容易應用於料理上。營養價值也很豐富。

---

**112**

## 鳳梨春膳野菜沙拉
## 椰子風味

**材料**（4 人份）

鳳梨（切成 1cm 丁塊）… 200 g

綠蘆筍… 8 根

蠶豆… 40 個

四季豆… 12 根

青豌豆… 2 大匙

椰子油… 2 大匙

雪莉醋… 2 大匙

鹽、胡椒… 各適量

砂糖… 少量

**作法**

1 蘆筍削去硬皮用鹽水煮，根部 2/3 切成 2cm 圓片，蘆筍尖直接使用。剝去豆莢的蠶豆和青豌豆分別用鹽水煮。去掉蒂和纖維的四季豆也用鹽水煮，切成 2cm 寬。

2 加椰子油倒進平底鍋加熱炒鳳梨，加入砂糖。變色後加入 1 炒一下。盛到調理碗，用雪莉醋、鹽、胡椒調味。變涼後油凝固就會口感不佳，所以要在常溫下食用。

---

**113**

## 惡魔風雞肉
## 配烤鳳梨

**材料**（2 人份）

雞腿肉… 1 片

麵包粉… 適量

芥末… 適量

鳳梨（5cm 丁塊 ×5mm 厚）… 4 塊

小番茄（對半切）… 2 顆

小洋蔥（切末）… 1 小匙

木犀草（▶ p222）… 1 撮

白酒醋… 30 ml

白酒… 50 ml

小牛高湯（▶ p216）… 80 ml

牛油… 40 g

香艾菊（葉子切末）… 2 株

水芹… 適量

沙拉油… 適量

鹽、胡椒… 各適量

**作法**

1 雞腿肉撒上鹽、胡椒，塗上沙拉油，用預熱的烤盤烤兩面。塗上芥末，沾上麵包粉輕輕按壓，移到派盤，用 220℃ 的烤箱烤 10 分鐘。

2 鳳梨、小番茄用預熱的烤盤烤到剛剛好。

3 小洋蔥、木犀草、白酒醋、白酒倒入鍋中加熱，煮到水分完全收乾。倒入小牛高湯，再煮到剩 1/3。最後加入香艾菊的葉子攪拌，用鹽、胡椒調味，再用牛油增添風味。

4 鳳梨和小番茄裝盤，淋上 3 的醬汁，放上 1 的雞肉，配上水芹。

**114** 香料烤羔羊
焦糖鳳梨醬

**材料**（2 人份）

羔羊肩里肌肉…1 塊（400g）

蛋黃…適量

薑餅粉*…適量

鳳梨（切成 1 cm 丁塊）…100 g

砂糖…1 小匙

雪莉醋…2 大匙

馬里布蘭姆酒（▶p222）…50 ml

小牛高湯（▶p216）…150 ml

牛油…40 g ＋ 1 大匙

沙拉油…1 大匙

鹽、胡椒…各適量

**作法**

1 去除羔羊肩里肌肉的筋和油脂，撒上鹽、胡椒。用平底鍋將 1 大匙牛油和沙拉油加熱，將羊肉整面煎到變色。先起鍋，一面塗上蛋黃抹上薑餅粉。用 200℃的烤箱烤 5 分鐘變成玫瑰色。

2 砂糖倒入平底鍋稍微煮焦，加入鳳梨炒到變色。倒入雪莉醋和馬里布蘭姆酒煮成糖漿狀，移到小鍋倒入小牛高湯。煮到剩一半，用鹽、胡椒調味，再用 40 g 牛油增添風味便完成。

3 鳳梨醬倒在盤子上，盛上切好的肉，擺放成能看見斷面。

＊ 薑餅（▶p219）打碎，用篩子過篩。

**115** 香料風味烤鳳梨
配荔枝奶酪

**材料**（8 人份）

鳳梨…1 個

砂糖…3 大匙

香料

　香草豆…1 根

　胡椒…1 小匙

　丁香…3 根

　肉桂棒…1 根

　芫荽（粉）…1 小匙

馬里布蘭姆酒（▶p222）…2 大匙

鳳梨汁…300 ml

奶酪

　荔枝泥（市售品）…300 ml

　砂糖…150 g

　明膠片…10 g

　牛奶…300 ml

　鮮奶油…200 ml

　荔枝香甜酒（▶p222）…3 大匙

**作法**

1 砂糖與香料類倒入鍋中煮焦，加上馬里布蘭姆酒降低溫度，停止煮焦。

2 削皮鳳梨放入深一點的鍋子，倒入 1 和鳳梨汁，淋上湯汁用 160℃的烤箱烤 40 分鐘。湯汁減少後加些水。

3 除了香料鳳梨起鍋，過濾湯汁。鳳梨倒回過濾的湯汁中，直接放進冰箱冰一整晚。

4 製作奶酪。荔枝泥和砂糖倒入另一只鍋子煮沸，倒入用水泡過的明膠溶解，加入牛奶、鮮奶油和荔枝香甜酒攪拌，放進冰箱冷卻。

5 鳳梨的湯汁倒到盤子上，舀起荔枝奶酪盛上，將 3 的鳳梨切成易於入口的大小放上。配上使用過的香草裝飾。

▶ **113**

用烤盤烤出香噴噴的烤痕。

## 116 油封肥肝芒果
   配奶油麵包

料理不用甜味強烈的愛文芒果，
而是使用內含酸味的鵜鶘芒果。
從未熟到熟透，糖度不變、酸味扎實是最大的魅力。
濃郁的甜味和肥肝的契合度不言而喻。

芒果鷹嘴豆沙拉

芒果和其他蔬菜全都切丁的沙拉作法。
和小黃瓜、紅洋蔥與甜椒摻在一起，
在口中迸出扎實的甜味和酸味真是愉悅。
這時要挑選不太成熟，果肉扎實的芒果。

芒果塔配蛋白霜
百香果醬

芒果豐富的甜味和百香果強烈的酸味搭配完成的奢華芒果塔。
芒果打成泥狀，加進塔皮麵糊，放上蛋白霜烘烤完成。
百香果果肉連同種子舀起盛上，爽脆的口感成為重點。

# 芒果

漆樹科芒果屬

| 原產地 | 印度、東南亞 |
|---|---|
| 時　期 | 全年 |

自古便是神聖的果實，歷史悠久的水果。魅力是芳醇的香氣與甜味，和黏黏的口感。由於宮崎芒果的影響，近年來在日本頗受歡迎。品種有鶊鵡芒果和愛文芒果，前者酸味強烈，容易運用於料理上。主要產自菲律賓。日本國產芒果都是愛文芒果，所以適合當作甜點。

---

## 116　油封肥肝芒果配奶油麵包

**材料**（8人份）

油封肥肝（▸p217）⋯約500g
鶊鵡芒果（成熟）⋯2個
鹽、胡椒⋯各少量
蜂蜜⋯適量
奶油麵包⋯8片

**作法**

1　打開真空包取出油封肥肝，去除多餘的油脂，切成約70g。
2　削皮，直向切成4等分的芒果裝盤，放上肥肝，撒上鹽、胡椒，淋上蜂蜜。配上烤過的奶油麵包。

---

## 117　芒果鷹嘴豆沙拉

**材料**（4人份）

鶊鵡芒果⋯2個
鷹嘴豆⋯100g
紅椒、黃椒⋯各1顆
小黃瓜⋯1條
紅洋蔥⋯1顆

A

檸檬汁⋯2顆的份量
大蒜（切末）⋯1小匙
荷蘭芹（切末）⋯1小匙
鹽、胡椒⋯各適量
橄欖油⋯2大匙
馬里布蘭姆酒（▸p222）⋯2大匙

**作法**

1　鷹嘴豆泡水一整晚，煮到變軟。
2　芒果、甜椒、小黃瓜、紅洋蔥去皮去籽，全部切成1cm丁塊。
3　A倒入調理碗中，充分攪拌。加入1、2攪拌均勻，然後裝盤。

---

## 118　芒果塔配蛋白霜百香果醬

**材料**（24cm餡餅模型1個的份量）

法式甜塔皮（▸p218）⋯260～300g

**芒果蛋液**

　芒果泥（市售品）⋯200g
　全蛋⋯3顆
　融化後的牛油⋯80g
　砂糖⋯100g

**義式蛋白霜**

　蛋白⋯2顆
　砂糖⋯120g
　水⋯60ml

百香果⋯1顆

**作法**

1　法式甜塔皮延展成厚2mm鋪在餡餅模型裡，用160℃的烤箱乾烤。。
2　製作蛋液。全蛋倒入調理碗中攪開，倒入砂糖打發到變白。加入芒果泥攪拌，再加上融化牛油攪拌。
3　2倒入1，用160℃的烤箱烤40分鐘，放進急速冷凍庫，關緊。
4　在3冷凍的期間製作蛋白霜。砂糖和份量的水倒入鍋中加熱到117℃。糖漿煮到115℃時以攪拌器的最高速攪散蛋白。糖漿到達117℃時慢慢加進蛋白霜之中，持續攪拌到冷卻為止。冷卻到相當於體溫時用裝了8mm花嘴的擠花袋擠在塔皮上。用噴槍烤出顏色。
5　切開裝盤，將百香果肉連同種子舀起盛上。

## 119 青木瓜金槍魚涼拌捲心菜

比起熟透的木瓜,青木瓜才是容易運用於料理上。

在亞洲料理普遍被人們食用。

以青木瓜沙拉為代表的切絲沙拉,

若是歐風的作法可搭配金槍魚做成涼拌捲心菜。感覺就像蘿蔔沙拉。

## 120 青木瓜希臘風醃菜

希臘風醃菜＝ grecque，指的是使用滿滿的芫荽，
在醋味強烈的醃泡汁裡醃漬的料理。
這道菜是在熱騰騰的醃泡汁裡醃漬，所以木瓜可以連皮一起切片。
充分活用了皮與果實之間的風味。

# 木瓜

番木瓜科番木瓜屬

原產地｜中南美

時　期｜全年

在全球熱帶、亞熱帶地區廣泛栽種，不過食用未熟青木瓜的習慣只在亞洲才會看到。它具有接近蘿蔔的清爽風味和口感。種子隨著成熟會變黑變大。成熟果實的獨特香氣與滑順香甜的果肉是魅力所在。原本在大航海時代，是從南美帶回西班牙、葡萄牙，而後在歐洲推廣。日本是從菲律賓、夏威夷進口。

---

**119**

## 青木瓜金槍魚涼拌捲心菜

材料（4 人份）

青木瓜…1 個

金槍魚罐頭…200 g

美乃滋（▶ p216）…2 大匙

芥末…1 大匙

鹽、胡椒…各適量

作法

1　青木瓜削皮切成 5mm 丁塊 ×4cm 的條狀，放入水中煮開後，水全部倒掉。

2　除去 1 的水分，和其他材料一起倒入調理碗中充分攪拌。

---

**120**

## 青木瓜希臘風醃菜

材料（6 人份）

青木瓜…1 個

白酒醋…500 ml

水…300 ml

砂糖…150 g

芫荽籽…1 大匙

大蒜（切末）…1 小匙

鷹爪辣椒…1 根

橄欖油…1 大匙

鹽…1 小匙

胡椒…適量

作法

1　青木瓜帶皮切成一口大小的切片，放入密閉容器。

2　木瓜以外的材料全部倒進鍋中煮沸，趁熱倒入 1。冷卻到變成常溫，放進冰箱冰 2 個晚上就能吃了。

## 121 荔枝茴香檸檬沙拉

荔枝是很奇妙的果實。
它那軟綿綿的口感有點像椰子肉。
味道類似枇杷，難以形容的清涼淡淡甜味，
這獨一無二的風味和具有清涼感的茴香搭配，
實在是一道高雅的沙拉。

蝦仁荔枝舒芙蕾
　　南蒂阿風焗烤

南蒂阿原本是指使用淡水螯蝦的料理，
轉變成用來指使用甲殼類的殼或蟹黃的料理。
蝦仁和荔枝的組合，是從中華料理學來的。
做成像里昂的特色美食，肉丸（quenelle）般舒芙蕾狀的焗烤。

# 荔枝

無患子科荔枝屬

原產地｜中國、越南
時　期｜日本國產為7～8月

中國從西元前便開始栽種，深受楊貴妃喜愛而聞名的水果。半透明果肉的獨特口感和清涼甜味深具魅力。從中國或台灣進口的大多是冷凍或罐裝荔枝。最近鹿兒島、宮崎出產的荔枝也逐漸增加，到了夏天在市面上也能看到新鮮荔枝。類似的水果有龍眼和紅毛丹。

---

## 121 荔枝茴香檸檬沙拉

材料（2人份）
荔枝…8顆
茴香（切片）…1/2個
檸檬…1顆
大蒜（切末）…1/2小匙
橄欖油…2大匙
鹽、胡椒…各適量

作法
1 檸檬表皮用削皮器削去並切絲。果實榨成果汁。荔枝剝皮去除種子，撕成一口大小。

2 荔枝、茴香、檸檬皮、檸檬汁、大蒜、橄欖油倒入調理碗中，撒上鹽、胡椒，整體直接拌匀。

---

## 122 蝦仁荔枝舒芙蕾 南蒂阿風焗烤

材料（2～3人份）
剝殼蝦仁（去除腸泥）…400g
荔枝…10顆
牛油（恢復常溫）…20g
蛋白…2顆
鮮奶油…100ml ＋50ml
美洲醬（▶p216）…600ml
鹽、胡椒…各適量

作法
1 荔枝剝皮，去除種籽，用手撕成一口大小。

2 剝殼蝦仁、鹽、胡椒各少許倒入食物處理機攪拌成有黏性的糊狀。接著加入牛油攪拌，加入蛋白攪拌，再加入鮮奶油100ml攪拌到變得滑順。最後倒入一半的荔枝果肉稍微攪拌。

3 在塗上薄薄一層牛油（額外份量）的焗烤盤，用擠花袋將2擠成肉丸狀的細長橢圓形，放上剩下的荔枝。在周圍倒入用50ml鮮奶油稀釋的美洲醬，移到200℃的烤箱，烤15分鐘。

## 123 香蕉薄煎餅
### 配自製培根

夏威夷薄煎餅形成風潮已久，
與香蕉的良好契合度有目共睹。
將香蕉泥掺入麵糊的這道料理，正是它的進化型態。
如果配上厚切培根，就不是只有甜味的薄煎餅。

不用煎炒，直接用雞湯煮的肉以奶油類醬汁完成的手法稱為白醬燉肉。
原本是用香艾菊增添風味，
不過我嘗試加上南國的香蕉，還有令人聯想到咖哩的香料。
羔羊的風味溫和，不膩的甜味成了令人戀戀不忘的滋味。

### 125 香蕉白巧克力慕斯

夏日祭典上巧克力香蕉絕不會缺席。雖是令人懷念的美味，
但我從以前便覺得，香蕉和乳白色的白巧克力比較搭。
這道慕斯實現了我的想法，雖然簡單，卻是完美的組合。

### 126 炒香蕉蜂蜜巴薩米克醬 蘭姆酒葡萄乾冰淇淋

為水果料理書的最後作總結的正統甜點。
焦糖化使香蕉呈現出大人口味的一面。
如果配上巴薩米克醋的高級酸味與蜂蜜加在一起的醬汁，
味道肯定會再升級。用黑醋也能做出頗有意思的醬汁。

# 香蕉

芭蕉科芭蕉屬
原產地│東南亞
時　期│全年

赤道南北30度內為主要產地。日本主要從菲律賓進口，此外也從台灣或厄瓜多進口。營養價值很高，味道人人喜愛。不僅能直接食用，加熱後便成了大人的甜點。若是加在燉煮料理中，便能嚐到甜芋般鬆軟的口感。在海拔高的地區栽種會更香甜，高地栽培香蕉已成為一種品牌。

---

**123**

## 香蕉薄煎餅配自製培根

**材料**（2人份）
香蕉…2根
雞蛋…2顆
牛奶…2大匙
蘭姆酒…2大匙
低筋麵粉…3大匙
胡椒…適量
牛油…適量
自製培根（▶p216）…3mm厚，4片
楓糖漿…適量

**作法**
1 香蕉用食物處理機攪拌成泥狀。再加入蛋、牛奶、蘭姆酒攪拌到變得滑順。盛到調理碗中，篩入低筋麵粉加在一起。

2 用平底鍋將牛油加熱，倒入 **1** 的麵糊，兩面煎熟。旁邊放上培根，一起煎到剛剛好。裝盤，磨碎胡椒並撒在上面，淋上楓糖漿。

---

**124**

## 香蕉白醬燉羔羊肉

**材料**（5人份）
羔羊肩肉…1kg
**香味蔬菜**
　洋蔥（切成3cm丁塊）…1顆
　芹菜（切片）…1根
　大蒜（切末）…1顆
香蕉（切成3cm圓片）…2根
白酒…200ml
鮮奶油…80ml
番紅花…1撮
薑黃…少量
水溶玉米粉…少量
鹽、胡椒…各適量

**作法**
1 羔羊肩肉切成3cm丁塊，撒點鹽、胡椒倒入鍋中，也倒入香味蔬菜、白酒、番紅花、薑黃，水倒到淹過食材，轉到大火。

2 煮沸後把火轉小，撈掉浮沫燉煮1小時。肉變軟後起鍋，湯汁用漏勺過濾。

3 湯汁煮到剩一半，加入香蕉把肉倒回去，倒入鮮奶油煮滾3分鐘。最後用水溶玉米粉增加濃度，再用鹽、胡椒調味。

**125** 香蕉白巧克力慕斯

材料（4人份）
香蕉…2根
白巧克力…100g
香緹鮮奶油（▶p219）…150ml

作法
1 白巧克力切碎隔水加熱融解。

2 香蕉倒入食物處理機攪拌成泥狀。
加入 1 的白巧克力，再攪拌到變
得滑順。

3 2 移到調理碗中，加入香緹鮮奶油
直接加在一起。倒入容器放進冰箱
冷卻凝固。

**126** 炒香蕉蜂蜜巴薩米克醬
蘭姆酒葡萄乾冰淇淋

材料（1人份）
香蕉…2根
蜂蜜…2大匙
巴薩米克醋…1大匙
鮮奶油…3大匙
牛油…20g
砂糖…20g
蘭姆酒葡萄乾冰淇淋（▶p219）
…適量

作法
1 砂糖和牛油倒入平底鍋加熱，倒入
香蕉炒到變色。

2 兩面變色後加入巴薩米克醋和蜂蜜
稍微煮乾。再倒入鮮奶油，煮到變
濃。

3 香蕉裝盤，放上蘭姆酒葡萄乾冰淇
淋，淋上 2 的醬汁。

# 本書出現的參照食譜

## 雞湯

材料（8ℓ的份量）

雞骨…6kg
老公雞或老母雞*…6kg
牛骨…3kg
洋蔥…3顆
芹菜…3根
大蒜…2顆

1 雞骨類、老公雞切成大塊，用水沖乾淨後，放進圓桶鍋裝滿水，轉到大火煮沸。
2 沸騰後撈掉浮沫和油脂，分成2～3等分加入香味蔬菜，適時加水燉煮8小時。
3 用漏勺過濾，煮到剩2/3。

* 老公雞：採卵期間結束，從雞舍丟出來的雌雞稱為老母雞，公的種雞稱為老公雞。比起飼養供肉食用的3個月以內的幼雞，肉質更鮮美。

## 小牛高湯

材料（15ℓ的份量）

小牛骨…8kg
牛阿基里斯腱…6kg
洋蔥（對半切）…3顆
芹菜…5根
胡蘿蔔（直向切成兩半）…5根
大蒜（橫向切成兩半）…5顆
番茄糊…3大匙
紅酒…2ℓ
沙拉油…少量

1 小牛骨和阿基里斯腱用水沖乾淨後，用240℃的烤箱烤到快焦黑。
2 蔬菜倒入圓桶鍋，用沙拉油炒到變色。
3 1倒入2，倒入番茄糊、紅酒、足以淹過食材的水煮沸。撈掉浮沫和油脂，燉煮12小時。
4 用過濾器過濾後的當成一番高湯。倒水淹過剩下的食材，轉到大火再次煮沸，去除浮沫和油脂，過濾到一番高湯的鍋子裡。煮到剩2/3，用網眼細的漏勺過濾。

## 法式牛清湯

材料（約12ℓ的份量）

雞湯（▶上方段落）…15ℓ
牛小腿絞肉…5kg
洋蔥（帶皮橫向切成兩半）…3顆

胡蘿蔔（切片）…3根
芹菜（切片）…3根
大蒜（切成大塊）…3顆
香艾菊…10根
紅酒…1.5ℓ
蛋白…400g
番茄糊…3大匙
鹽…適量

1 洋蔥斷面不抹油，用平底鍋炒到焦黑。
2 肉、香味蔬菜、紅酒、蛋白和番茄糊倒入圓桶鍋，充分攪拌，倒入雞湯再充分攪拌。
3 加熱，邊攪拌邊提高溫度。溫度提高到手指不敢放入時停止攪拌，讓它沸騰。把火轉小，撈掉浮沫和油脂煮5小時。
4 輕輕過濾，水加到淹過剩下的肉煮沸，取得二番高湯。一番高湯再次煮沸去除浮沫和油脂，用鹽調味並冷卻。這就是牛清湯。二番高湯另外煮沸煮到剩一半，當成雞湯使用。

## 魚高湯

材料（5ℓ的份量）

白肉魚魚骨（切成大塊）…5kg
白酒…500ml
洋蔥（切片）…2顆
芹菜（切片）…2根
大蒜…2片
白胡椒…10粒
百里香…3根
月桂…2片
鹽…1撮

1 魚骨用水沖15分鐘排出血液。
2 1、白酒、淹過食材的水倒入鍋中煮沸。去除浮沫和油脂，其他材料全部倒入煮20分鐘。
3 輕輕地用篩子過濾煮乾，再次用布過濾。2天內要用完。

## 油醋醬

材料（容易製作的份量）

雪莉醋…150ml
芥末…50ml
鹽…6g
胡椒…2g
沙拉油…400ml

1 沙拉油以外的材料全倒入調理碗中攪拌，慢慢倒入沙拉油同時攪拌。

## 美乃滋

材料（容易製作的份量）

蛋黃…2顆
芥末…1大匙
白酒醋…2大匙
沙拉油…300ml
鹽、胡椒…各適量

1 沙拉油以外的材料全倒入調理碗中充分攪拌，慢慢倒入沙拉油同時攪拌。

## 美洲醬

材料（1.5ℓ的份量）

甜蝦頭…2kg
洋蔥（切成1cm丁塊）…1顆
胡蘿蔔（切成1cm丁塊）…1根
芹菜（切成1cm丁塊）…1根
大蒜（切末）…1小匙
番茄糊…1大匙
白酒…500ml
牛油…50g

1 鍋子加熱融解牛油，炒甜蝦頭。變色後，放入蔬菜類炒到變軟。
2 番茄糊和白酒加入1，水加到淹過食材，煮到沸騰。不去除油脂，只撈掉浮沫，燉煮20分鐘，用漏勺按壓過濾。煮到剩2/3。可以冷凍保存。

## 自製培根

材料（容易製作的份量）

豬五花肉…1塊（8～9kg）
鹽…每1kg肉需22g
砂糖…每1kg肉需8g
煙燻木屑…1把

1 豬五花肉用叉子（Fourchette）戳洞使之容易入味。鹽和砂糖均勻攪拌之後塗滿整塊五花肉，然後放進冰箱冷凍1天。
2 肉取出用廚房紙巾擦去水分，放在墊了鐵網的調理盤上，放進冰箱1小時讓表面乾燥，切成適當的大小。煙燻木屑倒入炒鍋，鐵網放上去，肥肉朝上放上點火，冒煙後加熱1分鐘再蓋上鍋蓋，加熱2分鐘，把火關掉靜置5分鐘。

**3** 連同鐵網放到烤盤上，用 150℃的烤箱烤 20 分鐘。

## 鹿腿肉生火腿
**材料**（容易製作的份量）

鹿大腿肉⋯5kg
醃泡汁
　岩鹽⋯適量
　鹽⋯適量
　砂糖⋯適量
　紅酒⋯適量

**1** 鹿腿肉切成約 500g。岩鹽、鹽、砂糖以 1：1：1：1 的比例加在一起，塗滿到把肉蓋住，放進冰箱醃漬 4 天，讓鹽滲透到極限。

**2** 把鹽巴沖掉，泡水一整晚去除鹽巴。稍微擦去水分，和少許紅酒一起放入真空包，醃漬 5 天。取出擦掉紅酒後，放到鐵網上並放進冰箱乾燥 3 天。

## 油封雞胗
**材料**（容易製作的份量）

雞胗⋯1kg
醃泡汁（雞胗 1kg 所需的量）
　鹽⋯19g
　黑胡椒⋯4g
　辣椒粉⋯5g
　芫荽⋯3g
　大蒜（切末）⋯3 片
豬油、沙拉油⋯各適量

**1** 雞胗的連接部分翻過來，將裡面的髒汙去除。

**2** 塗滿醃泡汁，用手充分揉搓。放進冰箱冰一整晚。

**3** 等量的豬油、沙拉油倒到深鍋的一半，加熱到 80℃。倒入 **2**，以這個溫度加熱 1 小時 30 分鐘～2 小時。

**4** 煮到鐵籤能輕鬆刺入的柔軟度便 OK。盛到調理盤上，變涼後放進冰箱保存。

## 油封肥肝
**材料**（容易製作的份量）

鴨肝⋯1 個（550～600g）
鹽、白胡椒⋯各適量
卡巴度斯蘋果酒*（▶p222）⋯少許

**1** 鴨肝去除血管和纖維，每 1kg 撒上鹽 15g、白胡椒 5g、砂糖 5g、卡巴度斯蘋果酒少許，倒進真空包醃漬一整晚。

---

**2** 隔天整個真空包放入 45℃的熱水中加熱 20 分鐘。立刻用冰水冷卻放進冰箱一整晚。

\* 依照料理的方向與使用的食材，不妨變更酒的種類。波特酒最為普遍，杏仁香甜酒、君度橙酒等任何酒類都能使用。

## 黑香腸
**材料**（80g 約 30 根的份量）

豬背脂肪（切成 1cm 丁塊）⋯250g
豚血⋯1ℓ
香味野菜
　洋蔥（切末）⋯500g
　大蒜（切末）⋯30g
　荷蘭芹（切末）⋯40g
鮮奶油⋯450ml
調味料
　鹽⋯37g
　白胡椒⋯6g
　肉豆蔻⋯3g
　法式四香粉（▶p222）⋯3g
玉米粉⋯30g
豬腸⋯1 條

**1** 用淺底鍋加熱豬背脂肪，加入香味蔬菜，炒到變軟為止。如果蔬菜沒有完全加熱，保存期間就會發酵，這點須注意。

**2** 在 **1** 加入鮮奶油和調味料，邊攪拌邊煮。加入以等量的水溶解的玉米粉並攪拌，開始變濃後關火。

**3** 透過過濾器添加豬血，利用餘熱煮熟，持續攪拌到變濃。

**4** 洗過的豬腸一端用風箏線綁緊。擠花袋緊緊地裝上香腸用的花嘴，從豬腸沒有綁住的一端灌入，將香腸盤繞起來。

**5** 將 **3** 裝入擠花袋，垂直拿起豬腸灌進去。灌完後，開口用風箏線綁住。

**6** 大約以 8cm 為間隔用風箏線綑綁。綁緊別讓豬腸破裂，放在手掌上時，要有餘裕能夠彎曲。

**7** 放入加熱到 80℃的熱水中。維持 80℃煮 20 分鐘再撈起，盛到調理盤上冷卻。冷卻後放進冰箱保存。

## 義式肉腸
**材料**（直徑 12cm 的腸衣 2 條的份量）

肉餡
　豬腿肉（5cm 角）⋯1kg
　豬背脂肪（3cm 角）⋯600g
A
　鹽⋯4g

---

　白胡椒⋯3g
　肉豆蔻⋯2g
　芫荽⋯2g
冰⋯400g
玉米粉⋯50g
配料
　豬腿肉⋯1.5kg
　開心果（削皮）⋯50g
　黑胡椒（整粒）⋯10g
　豬背脂肪（切成 1cm 丁塊）⋯200g
B
　鹽⋯20g
　砂糖⋯5g
　白胡椒⋯4g
　肉豆蔻⋯2g
　肉桂⋯1g
　芫荽⋯2g
人工腸衣（直徑 12cm）⋯2 條

**1** 在配料用的豬腿肉塗滿 **A**，放進冰箱冰一整晚。

**2** 把製作肉餡用的豬腿肉與豬背脂肪用絞肉機絞碎，加入 **B** 攪拌。之後放進食物處理機，一邊慢慢加入碎冰，搓揉到有黏性，玉米粉分 2 次添加，繼續攪拌。

**3** 把 **1**、剩下的配料材料和 **2** 加在一起，迅速攪拌使整體入味。擠入人工腸衣之後將開口封住，用 80℃的熱水中加熱 20 分鐘。然後放涼冷卻回到常溫，放進冰箱保存。

其他

## 油封鮭魚
**材料**（容易製作的份量）

鮭魚（切成 3 片）⋯半片魚
鹽、胡椒⋯各適量
橄欖油⋯適量

**1** 鮭魚切成一半，撒點鹽、胡椒，和橄欖油一起倒入真空包，用 45℃的熱水加熱 40 分鐘。然後放涼冷卻回到常溫，放進冰箱保存。

## 醃鮭魚
**材料**（容易製作的份量）

鮭魚（切成 3 片）⋯半片魚
岩鹽⋯適量
鹽⋯適量
砂糖⋯適量

**1** 岩鹽、鹽、砂糖以 1：2：1 的比例加在一起。

**2** 用 **1** 將鮭魚塗成白色，放進冰箱醃漬

一整晚。然後沖水 2 小時去除多餘鹽分，放到鐵網上並放進冰箱，使其乾燥。

## 醋醃櫻桃
材料（容易製作的份量）

美國櫻桃…3 kg
白酒醋…2ℓ
砂糖…1 kg

1　將美國櫻桃放入保存瓶。把白酒醋和砂糖倒入小鍋煮沸，趁熱倒入保存瓶中。
2　趁熱蓋上容器蓋子並上下顛倒，直接靜置到冷卻為止。冷卻後放進冰箱靜置 5 天。
＊　蓋子緊閉可冷藏保存半年。打開蓋子後泡在液體中可保存 1 個月。

## 油封洋蔥

切末的洋蔥用沙拉油炒到變成米黃色。

## 麵包丁

去除吐司邊切成 1 cm 丁塊，用牛油和一半份量的橄欖油炸一下。

## 鹽味檸檬

鹽、岩鹽以 1：1 的比例攪拌，準備檸檬重量的一半。橫向切成一半的檸檬放入保存瓶，加上鹽巴，不時將整個瓶子翻轉，置於常溫下 2 個月便可使用。可保存半年。

## 瞬間燻製

煙燻木屑倒入炒鍋等，放上鐵網，再放置食材，加熱開始冒煙後，用調理碗等密閉燻製。

## 番茄丁

去皮去籽的番茄切成 7 mm 丁塊。

## 荷包蛋

在加了少許醋的沸騰熱水打蛋，輕輕攪拌將蛋白打散。在蛋黃半熟前調整火候完成。

---

**派皮麵團**
## 千層派皮
材料（1.2 kg 的份量）

高筋麵粉…250 g
低筋麵粉…250 g
鹽…10 g
冷水…200～250 ml
牛油…450 g

1　把事先放在冰箱裡充分冷卻過的高筋麵粉、低筋麵粉、鹽巴倒入食物處理機。
2　份量內的水斟酌慢慢加入，輕輕攪拌數次。
3　在冰箱充分冷卻的牛油切丁加入，攪拌到牛油顆粒殘留的程度。
4　拿到撒上手粉的調理台上，揉成一團，用保鮮膜包覆，放進冰箱靜置 30 分鐘。
5　拿到撒上手粉的調理台上，在冰冷的狀態下用擀麵棍敲打到麵團變軟，再用撒上手粉的擀麵棍將其擀開延展成 20 cm×40 cm。
6　從內側與跟前摺成三摺，用保鮮膜包覆，放進冰箱靜置 30 分鐘。
7　拿到撒上手粉的調理台上，方向變換 90 度，將其擀開延展成 20 cm×60 cm。
8　從跟前與內側摺成三摺，用保鮮膜包覆，放進冰箱靜置 30 分鐘。拿到撒上手粉的調理台上，再度將方向變換 90 度，然後用擀麵棍將其擀開延展成 30 cm×60 cm。
9　從跟前與內側摺成三摺，7～8 的步驟重複 3 次。
10　用擀麵棍敲打整體使它融為一體，分成 4 等分，用保鮮膜包覆，冷凍保存。

## 鹹塔皮
材料（980 g 的份量）

低筋麵粉…500 g
鹽…4 g
牛油（放進冰箱冷卻切丁）…300 g
全蛋…3 顆

1　放進冰箱冷卻的低筋麵粉、鹽和牛油倒入食物處理機，攪拌成粗糙的顆粒狀。
2　慢慢加入蛋攪拌，在粉和蛋完全混雜前的粒狀狀態便停止。
3　拿到台子上，揉成一團，用保鮮膜包起來，放進冰箱靜置 30 分鐘。

---

## 法式甜塔皮
材料（容易製作的份量）

牛油（恢復常溫）…125 g
糖粉…100 g
蛋黃…1 顆
全蛋…1 顆
低筋麵粉…250 g
鹽…1 撮

1　膏狀的牛油、糖粉倒入食物處理機攪拌到變得滑順。
2　加入蛋黃和全蛋繼續攪拌，最後加入過篩的低筋麵粉和鹽巴攪拌，輕輕攪拌到合為一體。
3　用保鮮膜包覆讓整體融為一體，放進冰箱冰 3 小時。

---

**製作糕點用**
## 杏仁奶油
材料（容易製作的份量）

杏仁粉…200 g
糖粉…200 g
雞蛋…5 顆
牛油（恢復常溫）…200 g

1　膏狀的牛油和糖粉倒入食物處理機，攪拌到變得滑順。
2　打散的蛋慢慢加入 1。最後加入杏仁粉攪拌到變得均勻。
＊　可以分裝冷凍保存。

## 草莓冰淇淋
材料（容易製作的份量）

草莓…1 kg
糖漿
　砂糖…500 g
　水…500 g

1　草莓用攪拌機攪拌，加入等量的糖漿（水：砂糖＝1：1 煮化後）攪拌，放入冰淇淋機。
＊　覆盆子等其他水果也能應用此方法。

## 糖水煮栗子
材料（容易製作的份量）

栗子…5 kg
砂糖…3 kg
小蘇打粉…30～40 g

1　栗子剝去硬殼，放入水中煮開後，水全部倒掉，重複 3 次。第 4 次倒入小

蘇打粉煮沸，用慢火煮 10 分鐘。

2　栗子先起鍋，用牙籤去除表面的粗纖維。重新裝滿水，煮開後水全部倒掉，重複 2 次。

3　栗子再次起鍋，栗子倒回洗過的鍋子，水裝到淹過栗子，加入 1kg 砂糖轉到大火，沸騰後關火直接放到變涼。

4　再倒入 1kg 砂糖，同樣水加到淹過栗子，煮沸後冷卻。最後再次倒入 1kg 砂糖，煮沸後冷卻。

＊　放入保存瓶，可冷藏保存。

## 薄餅皮

材料（40 片的份量）

雞蛋…10 顆
砂糖…175g
低筋麵粉…375g
牛奶…1.25ℓ
牛油…75g

1　全蛋打到調理碗中，加入砂糖攪拌。然後篩入低筋麵粉直接攪拌，再加入牛奶攪拌。

2　製作焦牛油時，一邊過濾一邊加入 1 攪拌。

3　在抹上薄薄一層牛油（額外份量）的平底鍋倒入麵糊兩面煎熟。

## 香緹鮮奶油

倒入鮮奶油（乳脂肪含量 35％）十分之一的砂糖，打到八分發。

## 英格蘭奶油醬

材料（1.5ℓ的份量）

牛奶…1ℓ
香草豆…1 根
蛋黃…12 顆
砂糖…240g

1　香草豆直向撕開將裡面的豆粒擠出來，和豆莢一起加進倒了牛奶的小鍋。加熱煮到沸騰。

2　蛋黃和砂糖倒入另一只調理碗，充分攪拌到變成白色，一口氣倒入沸騰的 1 並攪拌。隔水加熱邊攪拌邊慢慢加熱到 82℃。黏稠到能在木鏟上寫字時就離火。

## 香草冰淇淋

材料（1.5ℓ的份量）

牛奶…1ℓ
香草豆…1 根

---

鮮奶油…300ml
蛋黃…12 顆
砂糖…240g

1　香草豆直向撕開將裡面的豆粒擠出來，和豆莢一起加進了牛奶的小鍋。加熱煮到沸騰。

2　鮮奶油倒進泡在冰水裡的調理碗中冷卻。

3　蛋黃和砂糖倒入另一只調理碗，充分攪拌到變成白色，一口氣倒入沸騰的 1 並攪拌。隔水加熱到 82℃，過濾到 2 的調理碗中。

4　變涼後倒入冰淇淋機。

## 焙茶冰淇淋

在香草冰淇淋的作法 1，加入 1 大匙焙茶取代香草豆，將牛奶煮沸。在作法 3 倒入牛奶時，透過篩網過濾（去除茶葉添加）。

## 蘭姆酒葡萄乾冰淇淋

在香草冰淇淋的作法 4 添加蘭姆酒漬葡萄乾，倒入冰淇淋機。比例為 1ℓ香草冰淇淋添加 3 大匙蘭姆酒漬葡萄乾。如果蘭姆酒漬葡萄乾太多，因為酒精的作用就不會凝固，這點須注意。

## 香料麵包

材料（21×9×7cm 的蛋糕模型 1 個的份量）

A
水…150ml
蜂蜜…100ml
麥芽糖…50g
砂糖…50g
茴芹粉…2g
法式四香粉（▶p222）…2g
肉桂…2g
高筋麵粉…180g
玉米粉…20g
發粉…6g
君度橙酒（▶p222）…20ml
蘭姆酒…20ml

1　A 倒入小鍋煮沸，完全溶解後，冷卻回到常溫。

2　高筋麵粉、玉米粉、發粉篩入調理碗中，慢慢加入 1 攪拌。最後添加蘭姆酒、君度橙酒。

3　倒入蛋糕模型，用 160℃的烤箱烘烤 50 分鐘。

---

## 烤蛋白霜

材料（容易製作的份量）

蛋白…200g
砂糖…200g ＋ 200g

1　攪拌蛋白，變厚重後 200g 砂糖分成 3 次添加，以攪拌器的最高速繼續攪拌到立起角狀。剩下的 200g 砂糖分成 2 次添加並攪拌。在烤盤紙上塗 1cm 厚，用 120℃的烤箱烤到變乾。

# 料理索引

# 用語解說

## 葡萄酒醋

Vino cotto 在義大利文的意思是「煮過的葡萄酒」。普利亞州紅酒用的熟透葡萄榨成汁，煮乾後，便是用橡木桶熟成的天然甘味料。充滿深度的滋味令人聯想到上等的巴薩米克醋。

## 普羅旺斯綜合香料

南法居民經常使用，百里香、鼠尾草、迷迭香、茴香等的混合香料。在海鮮類料理中經常使用。

## 法式四香粉

胡椒、肉豆蔻、薑、丁香的混合香料。

## 糖皮

蛋糕等製作糕點收尾時使用，脂肪含量較高的巧克力。成分中總可可固形物 35% 以上、可可脂 31% 以上、非脂可可固形物 2.5% 以上，不可使用可可脂以外的代用油脂。

## 紅石榴糖漿

從石榴果汁做成的無酒精紅色糖漿。紅色原本來自於石榴，不過最近也會用莓果類來著色。

## 松露汁

黑松露加熱萃取出的松露精華。摻入油醋醬或醬汁中使用。

## 牛腰肉（貝身肉）

牛肉的中腹肉的一部分，最接近里肌肉的部位。切好的形狀很像貝類，所以也被稱為貝身肉。適度的脂肪，能讓人嚐到多汁的滋味。但是因為接近內臟，所以有種獨特的香味。左右各只有 1 塊，因此非常稀少。

## 艾斯佩雷產辣椒粉

橫跨法國與西班牙的美食地帶巴斯克地區，位於法國巴斯克的小小艾斯佩雷村的特產辣椒。辣味溫和，帶有微微的甜味，且香氣豐富。

## 西洋栗子泥／西洋栗奶油／西洋栗子糊

法國產的栗子加工品。皆使用法國栗子的名產地，阿爾代什省的老舖沙巴東公司的產品。西洋栗子泥是蒸過的栗子打成泥的無添加食品。西洋栗奶油是蒸過的栗子用篩網過濾，添加蜜餞栗子、砂糖、香草打成泥。西洋栗子糊是西洋栗子泥煮乾後變得更濃。

## 木犀草

胡椒粒粗略磨碎後。黑胡椒、白胡椒都會使用。在本書主要使用黑胡椒。

## 〈酒類〉

### 杏仁香甜酒

義大利米蘭周邊釀造，具有杏仁般香氣的利口酒。雖然容易讓人以為原料中加了杏仁，實際上使用杏核（用於杏仁豆腐等食品的杏仁的核）才是主流。

### 苦艾酒

以白酒為主體，由苦艾等香草和香料調合而成的風味酒。法國主要製作不甜苦艾酒，義大利則生產甜苦艾酒，而料理中是使用不甜苦艾酒。

### 蘋果酒

蘋果發酵釀造的酒精飲料。通常是發泡性酒類。法國諾曼第地方是著名產地，不過英國、北美各地都有製作。

### 卡巴度斯蘋果酒

蘋果酒蒸餾過的蘋果白蘭地。號稱「生命之水」的一種水果蒸餾酒。

### 金巴利酒

150 年前在義大利米蘭誕生的紅色利口酒。特色是使用各種藥草和香料的苦味，以及具有清涼感的滋味。

### 利口酒

連同種子醃漬的櫻桃（德文：Kirsche）發酵後，蒸餾成無色透明的烈酒。正式名稱是櫻桃白蘭地。

## 君度橙酒

法國君度公司製造的有柳橙香氣的利口酒。苦橙（乾燥後）與甜橙（乾燥與新鮮的）的果皮浸漬蒸餾而成。嚴守 19 世紀後半創業時的傳統製法。

## 荔枝香甜酒

法國保樂公司所釀造，添加異國荔枝香氣的無色透明利口酒。

## 班努斯甜紅酒

靠近西班牙國境，在南法魯西隆地方釀造的甜葡萄酒。主要使用格那希、馬卡貝等葡萄品種，色調深濃，味道與香氣也很濃郁。

## 潘諾茴香酒

包含茴芹籽在內，共由 15 種藥草製作，特色是清涼香氣的法國產茴芹利口酒。擁有 200 年歷史，且深受藝術家喜愛，因此聞名於世。

## 波特酒

從葡萄牙北部波特港出貨的酒精強化葡萄酒。有經常當作餐後酒飲用的紅寶石波特酒（紅酒），和適合當成餐前酒的白酒。本書只用白波特酒，記為「白」。

## 威廉洋梨甜酒

以洋梨的優良品種威廉洋梨為原料的蒸餾水果酒。蒸餾水果酒是以果實為原料的蒸餾酒的總稱。

## 馬里布蘭姆酒

可以直接感受濃厚椰子香味的甜利口酒。

## PROFILE

### 荻野伸也（Ogino Shinya）

1978年愛知縣出生。自從體會到法國料理味覺上富有層次感的魅力後，便以東京都內餐廳為主展開修業。2007年，餐廳「OGINO」在東京池尻開張。目前於東京都內近郊開設3家「table ogino」店鋪，並於北海道展店2間「Vivre Ensemble」。熱愛三鐵運動，是憧憬在世界各地悠遊的射手座B型。著有《法式肉類調理聖經：67道法國經典美味✕600張圖解步驟，零失敗的職人級調理技術》（台灣廣廈）、《TABLE OGINOの野菜料理200》（小社）、《低烹、嫩煎、醃漬、酥炸、燉煮，主廚特製增肌減脂雞胸肉料理》（積木）、《「ターブルオギノ」のDELIサラダ》（世界文化社）等作品。

http://french-ogino.com/

## TITLE

水果入菜

| STAFF | | ORIGINAL JAPANESE EDITION STAFF | |
|---|---|---|---|
| 出版 | 瑞昇文化事業股份有限公司 | 編集・スタイリング | 小松宏子 |
| 作者 | 荻野伸也 | 撮影 | 野口健志 |
| 譯者 | 蘇聖翔 | ブックデザイン | 松田行正／杉本聖士／梶原 恵（マツダオフィス） |
| | | 校正 | ヴェリタ |
| 總編輯 | 郭湘齡 | プリンティング | 佐野正幸（図書印刷） |
| 文字編輯 | 徐承義 蔣詩綺 陳亭安 李冠緯 | ディレクション | |
| 美術編輯 | 孫慧琪 | 協力 | Verre（ヴェール） |
| 排版 | 曾兆珩 | | 東京都渋谷区恵比寿南3-3-12 |
| 製版 | 印研科技有限公司 | | TEL｜03-5721-8013 |
| 印刷 | 龍岡數位文化股份有限公司 | | |

法律顧問　經兆國際法律事務所　黃沛聲律師

戶名　　　瑞昇文化事業股份有限公司
劃撥帳號　19598343
地址　　　新北市中和區景平路464巷2弄1-4號
電話　　　(02)2945-3191
傳真　　　(02)2945-3190
網址　　　www.rising-books.com.tw
Mail　　　deepblue@rising-books.com.tw

初版日期　2018年12月
定價　　　600元

國家圖書館出版品預行編目資料

水果入菜：OGINO餐廳四季水果創意料理前
菜.沙拉.主菜.湯品.甜點 / 荻野伸也作；蘇聖翔譯.
-- 初版. -- 新北市：瑞昇文化, 2018.12
224面；18.8 x 25.7公分
譯自：レストランOGINOの果物料理：前菜から
デザートまで果物を使った料理の発想と調理法
ISBN 978-986-401-290-9(平裝)
1.水果 2.法國
427.32　　　　　　　　　　　107018944